Informationen über Information

Probleme der Kybernetik

Herausgegeben von
Hoimar v. Ditfurth

Fischer
Taschenbuch
Verlag

Fischer Taschenbuch Verlag
November 1971
Ungekürzte Ausgabe
Umschlagentwurf: Jan Buchholz/Reni Hinsch
Fischer Taschenbuch Verlag GmbH, Frankfurt am Main
Lizenzausgabe mit freundlicher Genehmigung
des Hoffmann und Campe Verlages, Hamburg

Gesamtherstellung: Hanseatische Druckanstalt GmbH, Hamburg
Printed in Germany
ISBN 3 436 01443 5

Inhalt

Starnberger Gespräche 1968

Teilnehmer

Professor Dr. J. Aschoff, Max-Planck-Institut für Verhaltensphysiologie, Erling-Andechs
Professor Dr. Y. Bar-Hillel, University of Jerusalem, Jerusalem/Israel
Dr. G. Betzien, Boehringer Mannheim, Mannheim
Professor Dr. H. v. Ditfurth, Boehringer Mannheim, Mannheim
Professor Dr. G. Frey, Universität Innsbruck
Professor Dr. P. Grassmann, Eidgenössische Technische Hochschule, Zürich
Dr. K. E. Großmann, Zoologisches Universitäts-Institut, Freiburg i. Br.
Professor Dr. O. W. Haseloff, Sigma-Institut, Berlin
Richard Kaufmann, Wissenschaftlicher Redakteur *Christ und Welt*, Stuttgart
Dr. H. Köbner, Boehringer Mannheim, Mannheim
Dr. P. Kühne †, Chefredakteur *Medical Tribune*, Wiesbaden
Dr. H. Mittelstaedt, Max-Planck-Institut für Verhaltensforschung, Seewiesen
Jürgen Petermann, Wissenschaftlicher Redakteur *Der Spiegel*, Hamburg
Dr. Th. v. Randow, Wissenschaftlicher Redakteur *Die Zeit*, Hamburg
Professor Dr. W. Schaumann, Boehringer Mannheim, Mannheim
Heinrich Schiemann, Redakteur *Zweites Deutsches Fernsehen*, Mainz
Professor Dr.-Ing. K. Steinbuch, Institut für Nachrichtenverarbeitung und Nachrichtenübertragung der Universität Karlsruhe, Karlsruhe
Eduard Verhülsdonk, Wissenschaftlicher Redakteur *Rheinischer Merkur*, Koblenz
Professor Dr. H. Zemanek, IBM Österreich, Wien

Hoimar v. Ditfurth

Einleitung zur Vortragsfolge

Meine Damen und Herren! Ich eröffne die Starnberger Gespräche des Jahres 1968 und begrüße Sie alle sehr herzlich im Namen des Hauses Boehringer Mannheim, dem diese Gespräche ihr Zustandekommen verdanken.

Das erste Gespräch dieser Reihe hat hier am Starnberger See vor nun acht Jahren im Oktober 1960 stattgefunden. Es wurde von Professor *Achelis*, dem inzwischen verstorbenen Leiter unserer medizinischen Forschung, und mir veranstaltet. Wir hatten seinerzeit keineswegs die Absicht, eine neue Veranstaltungsreihe zu begründen, sondern es war zu diesem Gespräch ein ganz konkreter Anlaß gegeben: Ich war damals Leiter des Pharmakopsychiatrischen Laboratoriums bei Boehringer Mannheim, und wir waren in gemeinsamen Diskussionen zu der Auffassung gelangt, daß uns bei der Wirkungsanalyse antipsychotisch wirksamer Pharmaka die Methoden der Verhaltensforscher wahrscheinlich würden helfen können.

Daß das erste Gespräch am Starnberger See stattgefunden hat, lag einfach an der Nähe des Max-Planck-Instituts für Verhaltensforschung in Seewiesen, wo *Konrad Lorenz* und sein Mitarbeiter *Schleidt* und der inzwischen ebenfalls verstorbene *Erich von Holst* mit seiner Mitarbeiterin Fräulein *v. Saint-Paul* tätig waren.

Diese Tagung führte zu einer mehrjährigen, fruchtbaren Zusammenarbeit, die sehr interessante Resultate ergab, Resultate, die sich in verschiedenen Publikationen niedergeschlagen haben. Vor allem haben wir dabei aber erfahren, wie anregend, interessant und amüsant es sein kann, wenn man bestimmte Themen in einem Kreis diskutiert, der aus Vertretern verschiedener Disziplinen zusammengesetzt ist. Wir haben in der Zwischenzeit nach diesem Prinzip daher immer dann ein Gespräch in die Wege geleitet, wenn uns ein geeignetes Thema einfiel.

Im Gespräch dieser Tage über das Thema »Informationstheorie und Kybernetik« geht es um die erstaunliche Tatsache, daß Information sich heute als quantifizierbar erweist, als eine quantifizierbare, mathematisch-statistisch faßbare Gegebenheit, und daß man bei der Analyse dieses Sachverhaltes auf formale Gesetzmäßigkeiten stieß, die dazu führten, daß plötzlich Anwendungsmöglichkeiten dieser Erkenntnisse auf andere Disziplinen sichtbar wurden, auch auf solche, die man bisher allein einer geisteswissenschaftlichen Betrachtung vorbehalten glaubte.

Die *Starnberger Gespräche* sind immer ein Experiment gewesen. Man konnte nicht mehr tun, als eine »kritische Masse« von Gehirnen brillanter Fachleute am Tisch zusammenzubringen und abzuwarten, was sich bei der daraus resultierenden Kettenreaktion ergeben würde. Wir wollen es auch diesmal so machen. Der experimentelle Charakter dieser Veranstaltung schien es mir zu rechtfertigen, diesmal nicht nur Wissenschaftler und Fachleute, sondern — als Korrektiv des Spezialistentums — auch namhafte Wissenschaftsredakteure einzuladen. Durch diese qualifizierten Laien soll hier gewissermaßen die Öffentlichkeit repräsentiert werden.

Fangen wir also an. Wenn ich heute vormittag die Diskussionsleitung selbst übernehme, so fühle ich mich besonders prädestiniert dazu — denn von beiden Referaten verstehe ich so gut wie nichts, was sicher eine sehr gute Voraussetzung für eine unvoreingenommene und unparteiische Diskussionsführung ist. Herr *Aschoff* ist so freundlich, heute nachmittag die Diskussionsleitung zu übernehmen; Herrn *Mittelstaedt* bitte ich, dies morgen vormittag zu tun.

Nochmals also: herzlich willkommen zu den Starnberger Gesprächen 1968! Herr *Bar-Hillel*, ich bitte Sie um Ihr einführendes Referat.

Yehoshua Bar-Hillel

Wesen und Bedeutung der Informationstheorie

Die mir gestellte Aufgabe ist nicht leicht. Ich soll innerhalb von zwanzig Minuten das Wesen und die Bedeutung der Informationstheorie darstellen, und dies vor einem Forum, dem einerseits so ausgezeichnete Informationstheoretiker wie Professor *Zemanek* und Professor *Steinbuch* angehören, andererseits aber auch hervorragende Spezialisten auf anderen Gebieten, bei denen ich keine tiefgehenden Vorkenntnisse in der Informationstheorie erwarten kann. Ich habe mich daher entschlossen, meine Darstellung recht elementar zu gestalten, auf die Gefahr hin, daß sie einige von Ihnen langweilen wird. Es ist aber wohl besser, wenn wir schon zu Beginn unserer Gespräche darüber einig werden, welche Terminologie wir verwenden wollen, statt erst später herauszufinden, daß wir auf verschiedenen Ebenen gesprochen haben.

Die Informationstheorie hat zwei durchaus zu unterscheidende Aspekte, ja, im Grunde genommen gibt es zwei verschiedene Informationstheorien, so unterschiedlich in dem, was sie behandeln, daß es zweckmäßiger gewesen wäre, ihnen von Anfang an auch verschiedene Namen zu geben. Der englische Terminus *theory of information* im Sinne einer Theorie der Nachrichten-, besser noch: der Signalübermittlung, ist durch eine häufige, in diesem Falle aber recht unglückliche sprachliche Entwicklung entstanden. Der im Jahre 1928 erschienene grundlegende Artikel von *R. V. L. Hartley* hieß ja »Transmission of information« und die darin begründete Theorie *theory of information transmission*. Das Wort *transmission* ist aber der leichteren Sprechbarkeit wegen schon bald einfach weggelassen worden, und das hat sehr viel Verwirrung, besonders unter Philosophen, angerichtet.
Hartleys Theorie ist erst nach etwa zwanzig Jahren von *Norbert Wiener* und *Claude Shannon* wieder aufgenommen worden, hat in weiteren zwanzig Jahren dann durch Hunderte von Mathematikern die Entwicklung zu einem hochgeachteten Zweig der Wahrscheinlichkeitsrechnung erfahren, wobei die von ihr be-

handelten Wahrscheinlichkeiten in Beziehung zu Signalübermittlungsfrequenzen oder deren Erwartungswerten gesehen oder, wie der Fachmann sagt, als solche gedeutet wurden.

Im Jahre 1951 wurde es *Rudolf Carnap* und mir – ich war damals in den Vereinigten Staaten – klar, daß die Theorie des semantischen Informationsgehaltes von Aussagen, ausgehend von Ansätzen *Karl Poppers*, sich so formalisieren läßt, daß ihre formale Struktur jener der Signalübermittlungstheorie ähnlich, in einigen Punkten sogar mit ihr identisch wird. Die Wahrscheinlichkeiten der Signalübermittlungstheorie waren dabei den logischen Wahrscheinlichkeiten im Sinn der damals bereits vorliegenden *Carnap*schen Auffassung formal analog zu setzen. Daß die Signalübermittlungstheorie dann aber mit der Theorie semantischer Informationsgehalte nicht nur im Hinblick auf deren logische Wahrscheinlichkeiten, sondern auch im Hinblick auf deren semantische Seite – also Bedeutung, Inhalt, Aussage – in Beziehung gesetzt wurde, erwies sich als nachteilig. Durch dieses Mißverständnis wurde viel »Unordnung und frühes Leid« geschaffen; es ist leider bis heute noch nicht ganz überwunden.

Als Grundeinsicht der Signalübermittlungstheorie hat bereits *Wiener* die Auffassung vertreten, daß außer Masse und Energie noch eine weitere physikalische Gegebenheit existiert, die aus bestimmten historischen Gründen von den Physikern lange vernachlässigt worden war: der Informationsgehalt von Nachrichten – wobei Informationsgehalt nicht mit semantischem Inhalt verwechselt werden darf. Daß es physikalische Prozesse gibt, bei denen durch Übertragung geringfügiger Energiemengen ungeheure gespeicherte Energien ausgelöst werden können, war den Physikern schon lange bekannt, aber wenn ich nicht irre, wurde eine Theorie solcher Auslösungsvorgänge erst zu Beginn dieses Jahrhunderts entwickelt. Was jedoch erst *Wiener* erkannt hat, ist, daß es sich bei der Nachrichtenübermittlung eben auch um einen Vorgang solcher Art handelt.

Warum hat die Erarbeitung dieser Erkenntnis so lange gedauert? Könnte es sein, daß die mittelalterliche Gleichung *causa = effectus*, die eine gewissermaßen gleichwertige Verhältnismäßigkeit von Ursache und Wirkung voraussetzt, hier ihren unheilvollen Einfluß noch bis in unsere Zeit hinein ausgeübt hat? Es wäre ganz interessant, da ein wenig herumzuspekulieren, aber leider können wir uns dieses Vergnügen aus Zeitmangel nicht gestatten.

Als zweite Grundeinsicht der Signalübermittlungstheorie würde ich nennen, daß die Anwendung diskreter Mathematik hier als möglich und notwendig erkannt wurde, während bis dahin für derartige Gebiete kontinuierliche Mathematik fast ausschließlich angewandt worden war. Anstatt mit *Fourier*transformationen operierte man aber nun mit Wahrscheinlichkeiten.
Um welche Arten von Wahrscheinlichkeiten handelte es sich da? — Im allgemeinen um Erwartungswahrscheinlichkeiten. Wenn die Signale zum Beispiel durch Buchstabenfolgen übermittelt werden — ein uns geläufiger Fall —, so geht es um die Wahrscheinlichkeiten, mit denen die Buchstaben unter den gegebenen Umständen zu erwarten sind. Nur unter besonderen, künstlich herbeigeführten Umständen kann es dabei zu Gleichwahrscheinlichkeiten kommen, häufiger natürlich hat das Auftreten eines jeden Buchstabens seine eigene, spezifische absolute Wahrscheinlichkeit, und dazu noch alle möglichen bedingten Wahrscheinlichkeiten hinsichtlich der Häufigkeit seines Auftretens in Verbindung mit bestimmten anderen Buchstaben. Je geringer die Erwartungswahrscheinlichkeit eines Buchstabens aber ist, um so überraschender, prägnanter, auffälliger, hervorstechender, informationsgehaltreicher ist sein Auftreten unter den gegebenen Umständen. Im Deutschen etwa gehört das *e* zu den häufigsten Buchstaben. Es hat also eine besonders hohe Erwartungswahrscheinlichkeit, aber gerade deshalb einen besonders geringen Informationswert, geringer als etwa der des *s* oder des *g* oder des *w*. Wenn ich in einer deutschen Wörterliste ein Wort finde, in dem ein Buchstabe unleserlich gemacht worden ist, und ich lese SEH N, so werde ich den fehlenden Buchstaben nicht sonderlich vermissen: ich ergänze leicht SEHEN. Das fehlende E kann ich wegen seines geringen Informationsgehaltes also notfalls entbehren. Was aber, wenn der erste Buchstabe, also das S, unleserlich ist? Soll ich dann WEHEN, GEHEN, ZEHEN oder LEHEN lesen? Dies nur als etwas vergröberte Illustration für den unterschiedlichen, von der Erwartungswahrscheinlichkeit abhängigen Informationsgehalt eines Buchstabens. Also nochmals: Buchstaben in Wörtern haben keinen Inhalt, keinen Bedeutungsgehalt für sich einzeln genommen, wohl aber unterschiedlichen Informationsgehalt, weil unterschiedliche Häufigkeit des Auftretens. Mathematisch sah man das so: Der Informationsgehalt I des Vorkommens eines Signals s war also seiner Wahrscheinlichkeit P irgendwie invers. Man dachte zuerst an so einfache Funktionen wie

$$I(s) = 1 - P(s)$$

oder

$$I(s) = 1/P(s),$$

aber aus technischen Gründen, die hier zu erörtern zu weit führen würde, einigte man sich auf

$$I(s) = log_2 1/P(s) = log_2 1 - log_2 P(s) = log_2 P(s)$$

als interessante Kombination dieser Funktionen. Dieselbe Funktion wurde dann aber auch in die semantische Informationstheorie eingeführt. Bei ihr geht es freilich nicht um die Wahrscheinlichkeiten des Vorkommens oder Eintreffens von Signalen, sondern von Ereignissen. Je unwahrscheinlicher das Eintreffen eines Ereignisses, um so mehr Information. Sehen wir die Welt als Summe aller Ereignisse, deren Eintreffen möglich ist, so ist klar, daß jedes tatsächlich eintreffende Ereignis eine Anzahl bis dahin möglicher Ereignisse ausschließt. Wenn ich hier an diesem Gespräch am Starnberger See teilnehme, schließe ich damit aus, daß ich in Jerusalem gleichzeitig eine Vorlesung halte oder dort einen Freund besuche oder in New York einkaufen gehe. Daß ich an einem Gespräch am Starnberger See teilnehme, ist ein ziemlich unwahrscheinliches Ereignis, in der Alltagssprache könnte ich auch sagen: ein seltenes, nicht häufig vorkommendes Ereignis. Es ist seltener, also weniger wahrscheinlich, daß ich hier an einem Gespräch teilnehme, als daß ich in Jerusalem eine Vorlesung halte. Die Aussage, Professor *Bar-Hillel* hält in Jerusalem Vorlesung, hat daher auch geringeren Informationswert als die, ich nähme hier an einem Gespräch teil. Denn welche meiner vielen Vorlesungen wäre gemeint? Da bleiben ja noch genügend Möglichkeiten offen. Aber das Starnberger Gespräch über Kybernetik ist einmalig, schließt andere Möglichkeiten aus. Wollte ich in bezug auf Vorlesungen in Jerusalem eine ähnlich gut determinierende Aussage machen, so müßte ich etwa durch Angabe des Zeitpunkts eine bestimmte Vorlesung kennzeichnen. Erst dadurch würden alle anderen Vorlesungen als Möglichkeiten ausgeschlossen. Dies nur zur lockeren Illustration der bereits genannten Erkenntnis, daß die Unwahrscheinlichkeit eines Ereignisses dessen Informationsgehalt bestimmt. *Spinoza* hat das schon gewußt: *omnis determinatio est negatio.* Für die Philosophie bedeutet dies, daß etwas, was der Fall ist, andere Möglichkeiten negiert, sie ausschließt. Der Informationsgehalt eines Satzes bestimmt dann: Wie kann die Welt nicht aussehen, wenn dieser Satz wahr ist, mit den Ereignissen übereinstimmt. Oder wie *Leibniz* es formuliert hat: welche möglichen Welten werden dadurch ausgeschlossen, daß wir von einem bestimmten Ereignis wissen, es sei nicht der Fall. Nimmt man nun *Spinoza* und *Leibniz* zusammen, so gelangt man schnell zu denselben mathematischen Formeln, die ich bereits genannt habe. Der Kalkül ist also derselbe, wenn auch die Deutung, das heißt der Ausschnitt der Wirklichkeit, auf den er hier nun bezogen wird, ganz anderer Art ist. Bleibt noch anzumerken, daß die semantische Informationstheorie die Ahnenschaft der Metaphysiker *Spinoza* und *Leibniz* nicht immer realisiert hat, und wenn, dann mehr unwillig, fast verschämt.

Am interessantesten wird die Informationstheorie wohl dort, wo sie sich mit der Signalübermittlung unter Störungen befaßt. Die Notwendigkeit, Signale zu übermitteln, die aber immer durch Störungen entstellt werden, ergab auch die Motivation, sich damit zu beschäftigen. *Bell Telephone* war in den zwanziger Jahren daran interessiert, die Telegrammübermittlung von New York nach Los Angeles so billig wie möglich zu halten, um konkurrieren zu können. Die Frage war, wie man das machen sollte. Wie kann man Telegramme »versandgerecht verpacken«, dann versenden und sie schließlich wieder für den Kunden brauchbar machen? Es stellte sich heraus, daß man Telegramme auf verschiedene Art versandgerecht verpacken kann. Technisch ausgedrückt: es lassen sich verschiedene Arten von Verschlüsselungen vornehmen. Man wollte dabei auch die Benutzung der Kanäle nicht allzu teuer werden lassen. Es stellte sich also die Frage: wie kann man so gedrängt wie möglich und so zahlreich wie möglich Signale über eine große Strecke übermitteln? Kein Zweifel, daß auf einer so großen Strecke alle möglichen Ausfälle eintreten würden. Einzelne Signale verändern sich, werden entstellt in allen möglichen Phasen der Übermittlung, so beim Verschlüsseln, beim Durchgang durch den Kanal, beim Entschlüsseln usw. Das war das technische Problem, mit dem die Fachleute sich zu befassen hatten. Dahinter stand das Interesse der Firma: Was kostet ein Fehler, wenn ein Telegramm aus New York in Los Angeles verstümmelt ankommt? Was wird der Kunde dazu sagen? Was kostet also die Verstümmelung eines Telegramms, ein Fehler, ein Irrtum? Kein Mensch denkt daran, daß man Telegramme nicht einfach fehlerlos in die Welt schikken kann. Kein Mensch denkt daran, daß das so viel kostet.

Gut, hin und wieder ein Fehler, was ist das schon! Aber wie häufig kann und darf das vorkommen? Was macht man da? Diese Fragen führten zur Erstellung der verschiedenen Schlüssel, in denen man die Telegramme nunmehr versandte. Über diese Dinge können Sie sehr vergnüglich bei *Walter R. Fuchs* in »Knaurs Buch der Denkmaschinen« nachlesen, insbesondere über die verschiedenen Methoden der Verschlüsselung anhand eines interessanten Beispiels. Die Termini »verschlüsseln«, »entschlüsseln« usw. kamen damals schnell auf, bald auch der Hauptbegriff der ganzen hier zu bewältigenden technischen Problematik: der Begriff der *Redundanz*. Gehen wir auf die gewöhnliche Sprache zurück: Wir alle wissen – und auch dieses Referat bietet dafür ein Beispiel –, daß im Gespräch viele Dinge mehr als einmal gesagt werden, vielleicht nicht notwendigerweise genau wiederholt, aber doch das gleiche mit anderen Worten. Viele von uns, nicht nur ich, geben Gedanken mehrmals mit anderen Worten wieder. Das hat gewissermaßen einen pädagogischen Zweck. Wenn man etwas nur einmal sagt, wird es vielleicht nicht ganz verstanden, kann es am Ohr vorbeigehen. Da hat das Wiederholen schon seinen Sinn. Das wortwörtliche Wiederholen ist freilich eine recht primitive Art von Redundanz; man kann eventuell auch auf gescheitere Weise redundant sein. Die natürlichen Sprachen enthalten zudem sowieso schon ein gewisses Maß an Redundanz. Da sind zum Beispiel die Lautwerte nicht optimal verteilt; da sagt eine Präposition dasselbe noch einmal, was eine Wortendung allein schon bezeichnen könnte oder wozu das Substantiv ohne Präposition und Endung notfalls genügen würde: »Der Fluß fließt zum Meere« wäre als Satz zur Not auch noch verständlich, wenn er verkürzt würde auf: »Fluß fließt Meer«. Es gibt immer wieder Leute, die sich darüber beschweren, die natürlichen Sprachen seien so schlecht gebaut, weil sie uns zwängen, uns redundant auszudrücken. Jawohl, sie zwingen uns dazu. Wir können die Redundanz eventuell verringern, aber wir können sie nicht ganz ausschalten. Diese häufig gehörte Beschwerde halte ich für – dumm, möchte ich beinahe sagen. Die natürliche Sprache wird ja zu vielen Zwecken benutzt, nicht nur zur wissenschaftlichen Nachrichtenübermittlung. Ich möchte behaupten – obwohl sich das wohl nur sehr schwer beweisen und auch ebenso schwer widerlegen läßt –, daß die natürlichen Sprachen einer optimalen Sprache ziemlich nahe kommen. Im Gegensatz zu dem, was häufig behauptet wird, möchte ich das mit Entschiedenheit fest-

stellen. Es kann gar nicht anders sein. Die natürliche Sprache ist optimal für die Vielfalt der Zwecke, für die sie jeweils verwendet wird. Aus diesem Grund kann sie natürlich nicht die Optimalsprache für jeden einzelnen dieser Zwecke sein. Darüber sollte es keine Beschwerden geben, denn das ist selbstverständlich. Aus diesem Grund auch ist die natürliche Sprache nicht die bestmögliche Sprache als Wissenschaftssprache – eben, weil man in derselben Sprache auch Gedichte schreiben kann. Sie dürfte aber wohl auch nicht einmal die beste Sprache für Gedichte sein, weil man auch Wissenschaftliches in ihr ausdrücken kann und vieles andere. So kann man fluchen in ihr, schimpfen, Witze erzählen. Also, keine Beschwerden bitte, sondern nur die nüchterne Feststellung einer Binsenwahrheit: Wer vielen Herren optimal dienen möchte, kann es im allgemeinen keinem Herrn ganz recht machen. Natürliche Sprachen sind »Mädchen für alles« und als solche optimal. Für Spezialdienste müssen andere Hilfskräfte herangezogen, wenn nötig, erzogen werden, falls sich das ökonomisch als lohnend erweist.
Im Hinblick auf die Übermittlung eines Telegramms von New York nach Los Angeles ist zu Recht bezweifelt worden, ob die natürliche Sprache als solche die bestmögliche für diesen Zweck sei. Für Gegenstände der Wissenschaft haben die Wissenschaftler im Laufe der Jahrhunderte schon ihre eigenen Methoden der Bezeichnung und Übermittlung gefunden. Wir lassen sie jetzt einmal außer Betracht. Die Wissenschaftler wußten schon ziemlich gut, was sie da machen wollten, und sie haben mehr oder weniger richtige und optimale Kombinationen gefunden. Für solche Zwecke wie Telegrammübermittlung aber gab es nicht ohne weiteres Vergleichbares. Da mußten Methoden und Möglichkeiten der Übermittlung erst erforscht werden. Das ist auch geschehen, so daß wir jetzt *language-engineering*, also Sprachtechnik, als eine ordentliche Wissenschaft haben.
Was die Sprachtechnologie leisten soll, nämlich *»to make redundancy fit the aim«*, ist eine der Hauptaufgaben der gesamten Informationstheorie. Interessant dabei ist, daß uns die natürliche Redundanz der natürlichen Sprache keine Beschränkungen auferlegt, sondern daß wir hier nach Belieben herummanipulieren können. Wir können die Redundanz, wenn nötig, auf Null reduzieren (was man normalerweise allerdings nicht macht), und wir können sie so weit erhöhen, wie wir wollen. Nachdem die Informationstheoretiker den Begriff der Redundanz geklärt haben, überlassen sie es den Informationstechno-

logen, genau so viel an Redundanz in eine Informationsübermittlung hineinzubauen, wie sie bei gegebenem Zweck für optimal halten. Beide Fachleute aber müssen zusammenarbeiten, um das ökonomische Optimum aus dem Kommunikationsprozeß herauszuholen.

Ich bin am Ende meiner Zeit. Sie haben gewiß bemerkt, daß ich manche wohl von Ihnen erwarteten Grundbegriffe überhaupt nicht erwähnt habe. Vielleicht werden sie von anderen Teilnehmern dieses Gesprächs noch aufgenommen. So habe ich nicht von *feed back*, von Rückkoppelung, gesprochen, ich habe nicht einmal den Terminus *Kybernetik* erwähnt und auch nicht das Wort *Computer*, obwohl all dieses selbstverständlich hierhergehört und auch sicher noch erwähnt werden wird. Ich bin auch nicht auf terminologische Fragen eingegangen. Aber ich möchte nochmals mein Bedauern darüber ausdrücken, daß zu einer gewissen Zeit der Entwicklung der Terminus »Theorie der Informationsübermittlung« aus Gründen sprachlicher Handlichkeit zu »Informationstheorie« verkürzt worden ist. Das war eine sehr bedauerliche Entwicklung, weil durch diese Terminologie tatsächlich die Theorie des Informationsgehaltes mit der Theorie der Informationsübermittlung in einen Topf geworfen wurde.
(Zuruf: Daran ist *Wiener* schuld!)
– Ja, daran ist in der Tat hauptsächlich *Wiener* schuld, der diese Verwirrung nicht nur vorbereitet hat, sondern in gewissem Sinne auch befürwortete. Er ist selber dieser Verwirrung zum Opfer gefallen.
Noch eines: Es wird oft gefragt, wie es denn komme, daß ein Begriff, der doch eigentlich in die Geisteswissenschaft gehöre, auf einmal von Technologen behandelt werde. Nun, ich weiß eigentlich nicht, warum die Theorie der Signalübermittlung denn ausgerechnet in die Geisteswissenschaft gehören soll. Da liegt wiederum eine Verwechslung mit der anderen Informationstheorie, der Theorie des semantischen Gehaltes, vor.
Zuletzt: Wie komme ich als Sprachphilosoph und Logiker zur Informationstheorie? Diese Frage ist nicht etwa aus biographischen Gründen interessant, es war vielmehr der Gegenstand meiner eigenen Disziplin, der mich mit einer gewissen sachimmanenten Folgerichtigkeit zur Informationstheorie brachte.
Als Sprachphilosoph war ich an der Mechanik, der Automatik der Sprache interessiert. Ich fragte, wie kann man diese Dinge

logisch, mathematisch und eventuell quantitativ behandeln? Diese Fragestellung hat mich geleitet, wenn auch, wie sich später herausgestellt hat, Vorsicht bei ihrer Verfolgung angebracht ist. Das ist alles, was ich zur Einleitung sagen wollte. Es tut mir leid, daß es sehr wenig enthält, was auf Widerspruch hoffen läßt. So glaube ich wenigstens – oder irre ich?
(Heiterkeit)
Jedenfalls würde es mich freuen, aus der Diskussion weiterzulernen. Ich habe Fragen zum Teil historischer Natur angeschnitten und würde mich über eine Klärung freuen.

v. Ditfurth: Herzlichen Dank für Ihr Einführungsreferat. Darf ich so unbescheiden sein, Sie darum zu bitten, zum zweiten Aspekt des Titels noch einige Aussagen zu machen? Worin sehen Sie die Bedeutung dieser Entwicklung der Informationstheorie?

Bar-Hillel: Nachrichtenübermittlung ist in unserer Gesellschaft heute eine eminent wichtige Sache. Sie so billig und fehlerfrei wie möglich zu machen, ist sehr erwünscht. Man kann wohl sagen, daß die zukünftige Entwicklung unserer Zivilisation auf nahezu allen Gebieten abhängt von der Erleichterung, Verbesserung und Ausdehnung der Übermittlung von Nachrichten mit Hilfe einer aus der Informationstheorie erwachsenen Technologie.
Nun wird allerdings von vielen auch geglaubt, daß Informationstheorie für die theoretische Aufhellung zahlreicher anderer Themen und Gebiete von hoher Bedeutung ist. In der Biologie zum Beispiel wird mit dem Begriff »*Information*« viel gearbeitet, es wird davon gesprochen, daß Vorgänge codiert sind usw. Hier handelt es sich aber hauptsächlich nur um eine brauchbare Terminologie, die sich herausgebildet hat. Ich glaube nicht, daß Informationstheorie als solche für so viele andere Gebiete theoretisch von irgendwelcher besonderer Bedeutung ist. Ich glaube nicht, daß *Shannons* zentrale Theoreme dabei angewendet wurden. Vielleicht irre ich mich. Mir scheint es sich da aber nur um die Anwendung einer bestimmten Terminologie zu handeln, die sich aus Modegründen als günstig herausgestellt hat; vielleicht ist sie zum Teil sogar irreführend.

Zemanek: Das möchte ich nicht sagen. Es ist doch die Grundterminologie, die Ordnung schafft. Aber die Gegenstände dieser anderen Gebiete sind meist nicht geeignet für strenge Statistik.

Bar-Hillel: Es scheint, soviel ich weiß, daß die Nachteile der Einführung dieser Terminologie in der Behandlung andersartiger Themen deren Vorteile bisher weit überwogen haben. Den Redundanz-Begriff, der durch die Informationstheorie zum erstenmal vernünftig geklärt wurde, halte ich zum Beispiel für einen sehr wichtigen Begriff in Anwendung auf alle möglichen Sprechweisen – nicht aber Sprachen! Die Redundanz hat mit der Sprache und ihren Inhalten nichts zu tun, sondern nur mit dem Sprechen, dem Reden.

v. Randow: Mit Stil vielleicht!

Bar-Hillel: Ja, aber nicht mit dem theoretischen Begriff der Sprache. Im Deutschen ist dieser Unterschied nicht ganz scharf. Im Englischen unterscheidet man ganz klar: *language* und *speech*, oder im Französischen: *langue* und *parole*. Im Deutschen wird das nicht so deutlich, der Unterschied zwischen *Sprache* und *Sprechen* ist nicht so auffällig; immerhin könnte man vielleicht sagen *Sprache* und *Reden*. Für das, was *langue* und *language* bezeichnen, ist die gesamte Informationstheorie irrelevant. Aber für den Vorgang des Kommunizierens mit Hilfe der Sprache haben alle diese informationstheoretischen Begriffe sehr wohl Bedeutung, auch der Redundanzbegriff. Man hat ihn etwas vorschnell verallgemeinert und sprach sehr bald nicht nur von Signalredundanz, sondern auch von semantischer Redundanz – ich selbst muß mich da mitschuldig bekennen. Und man sprach auch von pragmatischer Redundanz. Das ist verständlich, weil hier eine gutaussehende Terminologie geschaffen wurde, von der man annahm, daß sie mit Gewinn verwendet werden könnte.
Aber ich kann nur betonen, daß man mit diesen Dingen sehr vorsichtig sein muß. Welcher Art die Umdeutung ist, die die Signalübermittlungstheorie jeweils in den anderen Gebieten erfährt, muß genau in Betracht gezogen werden. Die letzte Entwicklung, die ich für wichtig halte, ist: es hat sich herausgestellt, daß endliche Mathematik, also die Mathematik des Endlichen, des Diskreten, von größerer Bedeutung ist, als man es bis zu den zwanziger Jahren angenommen hatte. Bis dahin war fast die gesamte Wissenschaft davon überzeugt, daß Differential-

gleichung, aufgebaut auf Analyse, das Zentrum ist, um das sich alles dreht. Dann aber hat sich herausgestellt, daß die endliche und kombinatorische Mathematik viel interessanter ist, als man vorher geglaubt hat, daß es strukturelle Elemente gibt, die nichts mit Zahlen zu tun haben, daß also die rechnerische Mathematik nicht die einzige Mathematik ist und daß sie für unendlich viele Anwendungen keine Rolle spielt.

Ich will das nur kurz andeuten. Daß Information quantitativ behandelt werden kann, ist eine interessante Einsicht. Noch interessanter ist, daß in anderen Fällen Dinge ohne quantitative Behandlung faßbar sind, Dinge, die rein strukturell behandelt werden können, also über das Quantitative in gewissem Sinn hinaus, nicht vorquantitativ, sondern nachquantitativ. Quantifizierung ist also nicht das letzte Wort, mit dem alles aufhören muß. Es hat sich auch herausgestellt, daß es nicht Ziel der Wissenschaft ist, zu einer quantitativen Behandlung zu gelangen, wenn man an den Schulen und auf den Universitäten auch noch häufig hört, dies sei so. Wenn eine Quantifizierung erreicht werden kann, dann soll freilich alles dazu getan werden. Das bedeutet aber nicht, daß ein Gebiet, in das man aus irgendwelchen Gründen keine Zahl hineinbauen kann, unwissenschaftlich ist. *Kant* hatte bestimmt unrecht, wenn er sagte, daß nur so viel Wissenschaftliches in einem Gebiet stecke, als sich mathematisch behandeln lasse (er sagte »mathematisch« und meinte »quantitativ«). Es gibt aber sehr viele Wissenschaftsgebiete, wo von quantitativer Behandlung nicht die Rede sein kann, was aber keineswegs bedeutet, daß sie der wissenschaftlichen Behandlung entzogen wären.

Schiemann: Eine Frage zur weiteren Klärung: Gewiß ist die Energie so alt wie die Welt, so, wie wir sie verstehen. Wie alt aber sind Signal und Nachricht? Fängt das erst mit dem Leben an und dem, was wir Leben nennen? Oder ist es schon Signal und Nachricht, wenn Protonen von der Sonne kommen und ein Nordlicht auslösen?

Bar-Hillel: Hier ist es schwierig, zu unterscheiden. Wo wollen wir von Signalen zu sprechen beginnen? Das ist aber im Grunde eine Entscheidungsfrage. Halten Sie es für günstig, daß von Signalen nur dann die Rede sein soll, wenn zumindest eine der Parteien, zwischen denen ein Signal übermittelt wird, ein menschenähnliches Wesen ist? Es läßt sich aber wohl nicht vermei-

den, davon zu reden, daß wir Signale aus dem Weltraum erhalten, die nicht von menschenähnlichen Wesen ausgesandt werden – etwa die Pulsare. Es wird häufig in solchen Zusammenhängen von »Signalen« gesprochen. Ich halte das nicht für ungünstig. Aber ob man von Signalen reden soll, wenn beide Parteien weder Menschen sind noch irgendwie von Menschen zur Signalübermittlung und Signalerfassung geschaffen worden sind, das ist eine Frage. Ähnlich steht es ja auch bei zwei kommunizierenden Computern. Doch was sollte es für einen Sinn haben, nicht davon zu sprechen, daß ein Computer dem anderen Signale übermittelt? Wenn man das nicht machte, würde unsere Terminologie so verarmen, daß man bestimmte Sachverhalte nur sehr umständlich formulieren könnte. Ohnehin hat man bei zwei Computern ja wiederum irgendwie im Sinn, daß die Befehle, diese Signale zu übergeben und diese Signale zu entschlüsseln, auf menschliche Initiative zurückzuführen sind.
Es ist letztlich nur eine terminologische Frage, aber ihre optimale Lösung ist mir nicht klar. Wenn jemand Vorschläge dazu hat, wie man sich am günstigsten ausdrücken soll, höre ich sie gern.

Haseloff: In bezug auf dieses Problem ist es sinnvoll, bei Signalen zwischen *Anzeichen* und *Zeichen* zu unterscheiden. Eine Rauchsäule kann Anzeichen für einen zufällig entstandenen Waldbrand sein oder sie kann Signal im Alltagssinne, also ein Zeichen für irgend etwas Bestimmtes sein. Die Schwierigkeit, das zu unterscheiden, wird geringer, wenn diese Rauchsäule zu einem ganz bestimmten, fest definierten Zeitpunkt zu sehen ist oder mit einem anderen Ereignis zusammentrifft, das gleichfalls unwahrscheinlich ist, zum Beispiel mit einem Knall. Dann ist die Wahrscheinlichkeit gegeben, da zwei unwahrscheinliche Dinge sich kombinieren, daß hier ein Zeichen gegeben wird. Ich glaube, das läßt sich mit Anzeichen und Zeichen unterscheiden. Das hat etwa im Bereich der Verhaltensforschung einen gewissen Sinn, wo vom Menschen auch Anzeichen ausgehen können – zum Beispiel Erröten oder andere unbeabsichtigte und unbewußte Ausdruckszeichen –, die eine kommunikative Bedeutung haben im Sozialprozeß, wenn sie auch nicht konventionalisiert im Sinne eines Zeichens sind. Wenn man Anzeichen und Zeichen so unterscheidet, kann man das Problem etwas besser klären. Professor *Bar-Hillel* hat zunächst beide Erscheinungen als Signale betrachtet. Wenn man aber Signal als Anzeichen einerseits und Signal als Zeichen andererseits differenzieren will, könnte man sagen, daß Zeichen dann vorliegen, wenn die Reaktion auf die Aufnahme von Signalen in einer verabredeten Form erfolgt.

Ich glaube, daß es zweckmäßig ist, sich Gedanken über eine gewisse terminologische Konventionalisierung dieser Begriffe zu machen. Gerade die Probleme der Sozialpsychologie und der sozialpsychologischen Kommunikationsforschung zeigen, wie zweckmäßig es ist, hier gewisse Unterscheidungen zu treffen.

Bar-Hillel: Im Englischen hat man das versucht: *sign, signal* und *symbol.* Ähnliche Unterscheidungen haben sich im deutschen Sprachbereich herausgebildet. Wir haben diese Wörter. Ihnen eine günstig definierte Bedeutung für den Gebrauch beizugeben, wäre eine Möglichkeit.

Was menschliche oder nichtmenschliche Partner bei einer Kommunikation angeht – das kann nicht unbedingt eindeutig voneinander unterschieden werden. Diese Frage ist schon oft von vielen Sprachphilosophen behandelt worden, wobei ich nicht weiß, ob eine wirkliche Lösung schon vorgeschlagen wurde oder überhaupt vorgeschlagen werden kann. Die drei genannten Begriffe können nicht ausreichen, um alle möglichen Differenzierungen, die da gemacht werden müssen, zu decken. Man hat deshalb andere Terminologien eingeführt – aber im Hinblick auf die Terminologie ist eben alles noch immer recht verwirrend.

Mittelstaedt: Was Herr *Haseloff* betont, scheint mir der Unterschied zu sein zwischen Information über einen bloß gegebenen Sachverhalt und Information über das, was ein Sender absichtlich mitteilt. Der Unterschied, den Herr *Schiemann* meinte, ist grundsätzlicher: Gibt es neben Energie und Masse noch etwas Drittes? Das gilt für Information im *Shannon*schen Sinne keineswegs, ein Drittes wäre da ein irrationaler Begriff. Information setzt immer ein Feld von Erwartungswahrscheinlichkeiten voraus Der Begriff der Erwartungswahrscheinlichkeit ist aber auf dem Wege der Abstraktion aus der Vorstellung von einem realen Empfänger gewonnen worden, das ist die abstrakte Formulierung der Realität Empfänger. Ein Feld von Erwartungswahrscheinlichkeiten muß erst vorliegen. Ob man aber sinnvoll von Feldern von Erwartungswahrscheinlichkeiten sprechen kann, die außerhalb von uns existieren, ist eine andere Frage.

Grassmann: Der Journalist steht häufig vor der Frage, welchen Raum er einer bestimmten Nachricht in der Zeitung einräumen soll. Das läßt sich quantifizieren mit den Gleichungen, die Kollege *Bar-Hillel* angegeben hat. Von den meisten Journalisten wird die Bewertung einer Nachricht sicher schon intuitiv so ähnlich gehandhabt. Sie sagten »Unwahrscheinlichkeit = Informationsgehalt«; eine Zeitung soll Information übermitteln. Das heißt: Zu berichten ist natürlich nur über unwahrscheinliche Ereignisse – also nicht darüber, daß es in der Nacht dunkel wird. Das hat ja die Wahrscheinlichkeit 1. Der Raum, den ein Journalist einer Nachricht einräumen soll, ist auszurechnen aus »Unwahrscheinlichkeit des betreffenden Ereignisses mal Bedeutung dieses Ereignisses für den mittleren Leser«. Daraus ergibt sich ein gewisser quantitativer Maßstab.

Aschoff: Ich hätte gern bestätigt gehabt, daß Sie, Herr *Haseloff*, geneigt waren, bei der Übermittlung von »Signalen« wenigstens auf einer Seite den Menschen beteiligt zu sehen. Sie deuteten das vorhin einmal an. Es verschwand dies wieder aus der Diskussion. Wenn wir das Tier mit hereinnehmen, dann würde doch naheliegen, daß wir implizieren, daß auch da ein subjektives Feld Erwartungswahrscheinlichkeiten anzunehmen ist. Wenn Sie von Zeichen im Unterschied zu Anzeichen sprechen, darf ich Sie wohl so verstehen, daß Sie Zeichen als intendiert betrachten möchten, daß darin also bereits der mehr oder minder bewußte Sender impliziert sein soll. Oder wollen Sie so weit nicht gehen?

Haseloff: Das wollte ich eigentlich nicht. Ich wollte sagen: Die Bedingung, daß ein unwahrscheinliches Ereignis »Zeichen« sein kann, hat zur Minimalbedingung eine Konventionalisierung. Denken wir nun an das tierische Verhalten. Instinktauslöser sind sicher Signale, ohne daß sie Zeichen sind. Optische Instinktauslöser – etwa ein Farbfleck – müssen keine Zeichen sein, da übermittelt kein Tier einem anderen Tier erst eine Nachricht, sondern der Farbfleck wirkt *per se*. Signale können schlicht nur als Signale wirken. Das zeigt auch das Verhalten von Menschen in besonderen Situationen, für dessen Auslösung Zeichen keine Rolle spielen müssen. Es können durchaus auch Anzeichen Verhalten auslösen; unwahrscheinlich spontane Bewegungen, die nicht intendiert, nicht auf bestimmte Zwecke gerichtet sind, können Signalfunktionen haben, und zwar im tierischen Verhalten wie in der menschlichen Kommunikation. Wenn von Zeichen gesprochen werden darf, muß eine Konventionalisierung vorliegen, eine vorausgegangene Verständigung der am Kommunikationsprozeß Beteiligten, daß ein bestimmtes Signal zu diesem oder jenem Verhalten in Beziehung steht.

Aschoff: Ich würde hier sagen, Zeichen können auch von der Evolution her intendiert sein.

Bar-Hillel: Für die Anwendung der Informationstheorie sind diese Dinge auf jeden Fall irrelevant. Man kann den Informationsgehalt eines Anzeichens genausogut ausrechnen wie den eines Zeichens. Wenn man die Sache klärt, wenn man ungefähr weiß, worum es sich handelt, kann ich mir nicht vorstellen, warum es zu großen Mißverständnissen kommen sollte. Es kann nur dann dazu kommen, wenn jemand das Wort Zeichen benutzt und mir als Zuhörer ist nicht klar, was er damit meint. Oder ein anderer liest das und versteht es auch wieder anders. Dann kann es zu Mißverständnissen und Scheinproblemen kommen. Nach alldem, was bisher hier gesagt wurde, glaube ich aber nicht, daß ein Grund zu einer Kontroverse besteht. Ob ich es vorziehe, das Wort *Zeichen* nur dann zu benutzen, wenn der Sender ein Tier, ein Mensch, also ein Lebewesen, ist oder nicht – das kann doch höchstens für irgendwelche sekundäre Formulierungen wichtig sein, aber es sollte deutlich sein, daß es in der Sache selbst keinen Grund zu Kontroversen oder Mißverständnissen gibt. Werden bestimmte gemeinsame Phänomene in der Formulierung zu sehr differenziert, dann begibt man sich der Möglichkeit, mit einem einzigen Gesetz gemeinsame Phänomene zu behandeln und muß dann zwei Gesetze aufstellen. Das wäre kein großer Verlust, aber doch immerhin ein Verlust.
Nun zurück zur Zeitung, zur Placierung einer Nachricht. Es ist dies nicht nur, wie Sie gesagt haben, eine Frage des Informationsgehaltes – *»dog bites man«* ist eine Nachricht, aber *»man bites dog«* eine noch viel sensationellere, informationshaltigere –, sondern es ist auch wichtig, welcher Hund vor allem welchen Menschen gebissen hat oder umgekehrt. Es kommt also auf den Wert der Information an, und dieser Informationswert ist ein bedeutender Faktor. Eine Sache mit einem ungeheuren Informationsgehalt, etwa der seltene Fall *»man bites dog«*, kann bei einer Zeitung, in der die meisten Dinge mit

ungeheurem Informationsgehalt nicht gemeldet werden, untergehen, weil der Wert der Information, der Faktor, mit dem man den Informationsgehalt multipliziert, so gering ist, daß die Information des Lesers nicht notwendig erscheint. Leider haben wir dafür noch keine anständige Theorie. Während wir für das Messen des Informationsgehaltes schon eine vernünftige Theorie haben, haben wir sie für die Bestimmung des Informationswertes noch immer nicht. Viele Leute möchten gern wissen, wofür sie bezahlen. Welche Rolle spielt das in der Ökonomie? Will man große ökonomische Entscheidungen treffen, muß man Informationen dazu erhalten. Wieviel aber ist man auszugeben bereit, um die nötigen Informationen zu erhalten? Der Informationsgehalt ist dabei nur ein Faktor, der noch relativ einfach zu bestimmen ist, während der andere Faktor, mit dem man den Informationsgehalt zu multiplizieren hat, der Informationswert, sehr schwer zu bestimmen ist.

v. Randow: Sie sagten, es sei sehr unglücklich gewesen, daß man am Anfang den Terminus »Informationstheorie« gebraucht hat, daß man überhaupt von Information gesprochen hat, weil das sehr schnell zu Spekulationen verleite. In der Tat hat es ja sehr viele Anwendungen auf verschiedenen Gebieten gegeben, unter anderem auch auf dem der Psychologie. Mich würde interessieren: Was halten Sie von den Versuchen, die Informationstheorie darauf anzuwenden?

Bar-Hillel: Das ist sehr kompliziert; denn zum Teil sind die sogenannten Anwendungen der Informationstheorie auf die Psychologie unbewußt beinahe ziemlich korrekt gewesen, weil die Leute, obwohl sie sich auf die *Shannon*sche Theorie bezogen, schon von vornherein eine andere Deutung im Sinn hatten. Diese Wissenschaftler haben häufig, nicht immer, von einer Einführung der Signalübermittlungstheorie in die Psychologie geredet. Häufig war aber auch von semantischen Inhalten die Rede. In gewisser Beziehung ist der Kalkülteil dieser Theorien derselbe, also gewissermaßen deren abstraktes Gerüst, das durch Anwendung auf verschiedene empirische Gegebenheiten verschieden gedeutet wird. Diese Theorien sind in einem gewissen Sinne einander isomorph, so daß der Irrtum, daß man geglaubt hat, in der Psychologie die Signalübermittlungstheorie zu benutzen, während man eigentlich die semantische Informationstheorie benutzte, nicht immer zutage getreten ist. Die Gedanken waren eigentlich falsch, aber in der Anwendung stellten sie sich infolge des gemeinsamen Kalküls, das dahinterstand, dann eventuell doch als korrekt heraus – nicht immer. Denn häufig war der Unterschied in der schließlichen Deutung doch von entscheidender Bedeutung. Im Prinzip kann entweder Signalübermittlungstheorie oder semantische Informationstheorie auf die Psychologie angewendet werden, doch sollte klar sein, daß eine Nichtunterscheidung zwischen der Signalübermittlungstheorie und der semantischen Informationstheorie in der psychologischen wie in anderen Anwendungen zu Fehlern führen kann – aber nicht notwendigerweise zu Fehlern führen muß! –, so daß hierüber nur in jedem Einzelfall entschieden werden kann. Wenn man sich dieses Unterschiedes von vornherein klar ist, dann lassen sich, glaube ich, Fehler vermeiden, und man wird nicht nur die eine, sondern gegebenenfalls auch die andere Anwendung gelten lassen. Die andere Anwendung geht dann aber nur, wenn von Übermittlungen – oder in der Psychologie sollte es besser heißen: von Verarbeitung von Inhalten – in einem Einzelfall die Rede ist. Das wäre dann eine Kombination der semantischen Informationstheorie mit der psychologischen Anwendung. Aber sowohl die Signalübermittlungstheorie, die ein Teilgebiet der Wahrscheinlichkeitsrechnung ist, als auch die semantische Informationstheorie, die ein Teilgebiet der Wahrscheinlichkeitslogik ist, sind beide analytische Theorien. Keine dieser beiden Theorien hat also einen empirischen Gehalt als solchen. Sie werden wie Mathematik angewendet, die auch empirisch gehaltlos ist. Welche der beiden Theorien für psychologische Betrachtungen im gegebenen Fall angewandt werden kann, ist eine jeweils zu entscheidende Frage. Es stellt sich heraus, daß alle diese theoretischen Methoden gegebenenfalls für bestimmte Gebiete angewandt werden können. Mit welchem Erfolg, ist eine andere Frage. Ich selber habe mich einmal an einer recht primitiven Lerntheorie mit semantischen Gehalten versucht. Ich glaube, daß dabei nicht viel herausgekommen ist. Daß man das aber prinzipiell versuchen kann, halte ich für beinahe selbstverständlich.

Haseloff: Ich bin ein Psychologe, der sich mit dem Versuch informationstheoretischer Anwendungen ziemlich lange beschäftigt hat. Dabei hat sich das gezeigt, was Sie eben sagten. Wenn man zum Beispiel im Bereich der Wirtschaftswerbung, wo derartige Anwendungen schon ziemlich üblich sind, den statisti-

schen Informationsgehalt von Botschaften ermittelt und in Beziehung setzt zu den verschiedenen Wirkungsdimensionen, die meßbar sind, dann zeigt sich, daß dies nicht zu brauchbaren Ergebnissen führt. Wenn man aber eine semantische Betrachtung einführt, dann kann man in sehr aufschlußreicher Weise Werbewirkung vorhersagen, und zwar aus der Struktur des Kommuniqués heraus. Das zeigt sich weiterhin besonders auch in der direkten Kommunikation des Sprechens, wenn man zum Beispiel die Resonanz untersucht, die ein Redner findet, und da speziell die syntaktische und informationelle Struktur der Rede. Es erweist sich dann, daß die semantischen Aspekte die beste Erklärung geben.
Um noch einmal auf die andere Sache zurückzukommen: die Frage der Definition. Ich will da nicht besonders beharrlich sein. Mir ist auch völlig klar, daß solche Definitionen keine Erkenntnisakte sind, sondern Willensakte, die nach praktischen Gesichtspunkten entschieden werden müssen. Aber gerade wenn man diese neuen Erkenntnisse praktisch anzuwenden strebt, wird es zweckmäßig sein, hier eben das zu vollziehen, was für Zeichen charakteristisch ist: eine Konventionalisierung. Zum Beispiel ist soziale Kommunikation im stärksten Maße von Symbolen abhängig. Im Bereich des Politischen hat man das mit Vorteil untersucht. Ich denke, daß die praktische Anwendbarkeit dieser Erkenntnisse zunimmt, wenn man sich zum Beispiel klarmacht, daß das Anzeichen und Zeichen, oder wie man es sonst nennen will, deshalb beide formalisiert werden können, weil ihnen die Unwahrscheinlichkeit gemeinsam ist. Die gemeinsame Möglichkeit einer statistischen Behandlung sollte unter pragmatischem Aspekt jedoch nicht ausschließen, eine Unterscheidung zu treffen, die sinnvoll werden kann für die Anwendung in bestimmten Fachdisziplinen.

Großmann: Wenn wir von der Anwendung der Information auf den sozialen Raum oder im politischen Rahmen sprechen, kommen wir doch eigentlich immer wieder auf das Problem, das vorhin als theoretisch ein bißchen ausgeklammert wurde, nämlich das der Bewertung durch die adressierten Leute. Das ist auch die große Schwierigkeit, die etwa der Lärmpsychologe hat, der mit den Entwicklungsdimensionen herangeht, ebenso auch der Tierpsychologe, der sich mit Lärm beschäftigt. Herr *Aschoff* sagte eben, das Tier bringt ja phylogenetisch bereits nicht nur die Erwartung mit, sondern auch die Bewertung für die Zeichen, die verhaltensmodulierend einwirken. Die große Schwierigkeit der Formalisierung vom Informationstheoretischen aus besteht für den Lärmpsychologen gerade darin, daß er zwar das Signal analysieren kann, daß er aber noch keine Theorie hat, wie es bewertet wird und welche Reize zu welchem Zeitpunkt zu welchen Verhaltensveränderungen führen. Wenn wir das Verhalten von Menschen im politischen Raum betrachten, dann können zwei verschiedene Gruppen völlig unterschiedlich auf dieselben Signale reagieren. Wir haben noch keine Handhabe, diese beiden Größen irgendwie zusammenzubringen und dann zu einer Formalisierung zu gelangen.

Bar-Hillel: Dazu eine Bemerkung. Ein Beispiel, wo diese Frage von höchster Bedeutung ist, ist das Gedächtnis. Ohne Zweifel ist das Gedächtnis informationsspeichernd, aber unser Kurzzeitgedächtnis ist streng beschränkt. Ich glaube nicht, daß folgende Frage schon häufig gestellt wurde: Ist unser Kurzzeitgedächtnis nur abhängig vom Informationsgehalt oder kann eventuell die Bewertung auf das Kurzzeitgedächtnis einwirken? Haben Sie oder hat irgend jemand dieses Thema irgendwann einmal behandelt?

Steinbuch: Ich habe es nicht, aber ich möchte spontan sagen, daß diese Unterscheidung ganz offensichtlich ist; denn dieselbe Informationsmenge – ich rufe jetzt in den Raum: »Feuer!« – wird ganz anders im Kurzzeitgedächtnis haften bleiben, wie wenn ich irgendeine, uns alle verhaltenssteuernde aber weniger interessierende Bemerkung mache.

Bar-Hillel: Das betrifft aber jetzt nur die Frage, wie lang etwas im Kurzzeitgedächtnis bleibt und wie lang es dauert, bis es durch anderes verdrängt wird. Ich habe aber gefragt, wieviel Einheiten ich in meinem Kurzzeitgedächtnis gleichzeitig behalten kann. Ist das eine rein physikalische Sache, die nur vom Informationsgehalt abhängig ist, oder hat man da gegebenenfalls Spielraum, abhängig vom Bewertungsgrad dessen, was jeweils im Kurzzeitgedächtnis vorliegt? Gibt es also ein absolutes Maximum der Speicherkapazität, auf das keine Bewertung des Gespeicherten Einfluß haben kann?

Zemanek: Bei solchen Diskussionen verliert man manchmal den Blick dafür, daß der Begriff des Informationsgehaltes in der

Informationstheorie nur Sinn hat in bezug auf eine Quelle und auf einen Kanal. Gerade Sie, Herr *Haseloff*, als Verhaltensforscher haben es aber mit Netzwerken zu tun. Man kann nicht deutlich genug sagen, daß wir kein Informationsmaß haben, sobald auch nur irgendein Netzwerk vorliegt. Wenn sie einen Addierer, eine Rechenmaschine nehmen, ein ganz logisches und klares Gebilde, dann haben wir kein Informationsmaß, welches uns durch ein solches Gebilde durchginge, schon gar nicht natürlich für kompliziertere Gebilde, auch nicht für formale Sprachen. Man muß also immer den Rahmen definieren, in welchem man vom Informationsgehalt spricht, sonst hat dieser Wert überhaupt keinen Sinn.
Etwas anderes: Hinsichtlich der geschichtlichen Entwicklung der Terminologie sollte zugunsten von *Shannon* noch gesagt werden, daß über seiner ersten Veröffentlichung tatsächlich nicht *»theory of information«* oder *»information theory«* gestanden hat, sondern *»theory of communication«*. Auch das ist noch zu allgemein, weil es sich in der Informationstheorie um einen einseitig gerichteten Kanal handelt, aber es ist viel besser als »Informationstheorie«.

Mittelstaedt: Ich wollte noch einmal sagen, daß ich es für außerordentlich wichtig halte, sich vor Augen zu führen, daß bei informationstheoretischer Arbeit ein Wahrscheinlichkeitsfeld stets irgendwo zu finden sein wird. Herr *v. Randow* meinte vorhin, es könne im Subjektiven liegen. Ein Wahrscheinlichkeitsfeld kann aber durchaus objektiv sein.

(*Bar-Hillel:* Kann!)

Im Automaten ist es das ganz bestimmt. Da könnten Sie sagen: da gibt es das Feld tatsächlich. Wenn Sie aber irgendwo ein Feld haben, können Sie den Informationsgehalt auch ausrechnen. Deswegen sollte man vielleicht besser »Neuigkeitsgehalt« sagen — das wäre neutraler — oder »Feldgehalt« — noch neutraler! —, damit man den objektiven Gehalt der Quelle hervorhebt. Denn das Wort »Information« erzeugt dummerweise immer die Assoziation an »Information über etwas«, an den alltäglichen Gebrauch dieses Wortes.

Bar-Hillel: Ich sagte schon, daß ich keine Zeit hatte, auf terminologische Fragen näher einzugehen. Es ist in der Informationstheorie nicht davon die Rede, wie die Wahrscheinlichkeit, die da vorkommt, gedeutet werden soll. Sie kann im gegebenen Fall durchaus auch absolut als eine objektive Wahrscheinlichkeit gedeutet werden. Es wäre aber ebensowenig falsch, wenn sie im Rahmen einer bestimmten Anwendung auch als subjektive Wahrscheinlichkeit gedeutet würde. Dann allerdings könnte der sprachliche Ausdruck eventuell wechseln. Im Fall subjektiver Wahrscheinlichkeit wäre dann vielleicht »Überraschungswert« zu sagen, im anderen Fall »objektive Neuigkeit« oder ähnlich. Das aber sind dann pädagogische Fragen, um in der praktischen Anwendung die Leute so wenig wie möglich zu verwirren, sie auch auf Anwendungsmöglichkeiten hinzuweisen.

v. Ditfurth: Da gibt es die sehr sloganartige Formulierung: »Information verringert Unsicherheit«. Würden Sie das akzeptieren?

Bar-Hillel: In gewissem Sinne schon, wenn ...

Zemanek: Wenn die Unsicherheit gut genug definiert wird!

Mittelstaedt: Bei dem berühmten Beispiel vom Kunstwerkkanalmaximum gibt man eine Definition durch die Aufgabe, die man der Versuchsperson stellt. Ein Klavierspieler soll irgendwelche Noten möglichst schnell herunterspielen. Man untersucht: Wie schnell kann er das? Auf diese Weise erhält man einen Kanal, durch die Versuchsanordnung selbst. Es entsteht aber jetzt die Frage: Wenn wir das nun aufnehmen — was nehmen wir da wirklich auf? Das kann man nicht eher bestimmen, ehe man nicht den semantischen Informationsgehalt quantitativ gemessen und mit anderen Dingen verglichen hat. Da es darüber jedoch keine Theorie gibt, ist das zur Zeit einfach unmöglich.

Bar-Hillel: Ich will hinzufügen, daß solch ein Slogan auch Verwirrung stiften kann. Natürlich läßt sich sagen, daß durch eine wissenschaftliche Theorie, die jemand vorschlägt, vielleicht Unsicherheit verringert wird. Aber, was häufig viel wichtiger ist, ist nicht, daß durch diese Theorie Unsicherheit verringert wird, sondern daß sie neue Fragen zu stellen erlaubt und in diesem Sinne die Unsicherheit in großem Maße erhöht.

Steinbuch: Herr *Bar-Hillel* hat die formale Informationstheorie behandelt. Aber die Verbindung zur Empirie scheint im Bereich der Verhaltensforschung sehr naheliegend. Stichwort »Schlüsselreiz«. Hier bietet sich die Verbindung der Formaltheorie zu den empirisch feststellbaren Fakten doch an.

Mittelstaedt: Die Schwierigkeit ist: Wie bekommen wir das Feld definiert? Ein männlicher Stichling reagiert auf roten Bauch bei Artgenossen mit Kampf, auf dicken Bauch mit dem typischen Verhalten gegenüber Weibchen. Wenn wir ihm die gleiche Anzahl Männchen und Weibchen gegenüberstellen, so hat er die Wahl: so oder so. Aber ich weiß nicht, ob ein solches Experiment viel Sinn hat. Bisher hat es keiner versucht. Was die Leute jetzt bei uns tun: sie versuchen herauszubekommen, mit welcher Wahrscheinlichkeit kommen die einzelnen Handlungen vor und welche Wahrscheinlichkeitsfelder erhält man. Das ist interessant und erfolgversprechend, aber mühselig. Man muß eventuell Computer heranziehen. Unser Hauptproblem: Hoffentlich bleibt das System stationär. Die Tiere wachsen. Sie ändern vielleicht die Wahrscheinlichkeiten ihres Verhaltens während des Versuches. Dann sind wir völlig aufgeschmissen. Wir müssen also versuchen, möglichst viele Daten zu bekommen. Die ganze Theorie hängt davon ab, wie die Wahrscheinlichkeit ist. Das können wir empirisch nur über Häufigkeit machen, wenn wir lange genug messen. Da sind wir leicht im Dilemma. Wenn wir eine Handlung haben, die relativ lange dauert, ist es sogar hoffnungslos, zum Beispiel beim Nestbau. Wir brauchen also kurze Vorkommnisse, etwa das Zirpen von Heimchen. Das ist ein quantifizierter Zischlaut. Wir tun nichts weiter, als daß wir die Häufigkeit des Zischens messen. Dann geben wir ihm einen Genossen und lassen auch diesen zirpen. Dann beobachten wir: Was gibt es für Übergangswahrscheinlichkeiten vom einen auf den anderen. Hier lassen sich schon ein paar Gesetzmäßigkeiten aufstellen, bei denen die Theorie selber auch nicht so schrecklich wichtig ist. Man kann es einfach wahrscheinlichkeitsmäßig formulieren. Die Informationstheorie selbst nutzt bei diesem Stand der Untersuchung noch gar nichts.

Bar-Hillel: Besonders, weil man den Code nicht weiß. Eines der Probleme ist, daß man aus dem Verhalten auch auf den Code Rückschlüsse ziehen muß. Da kann man dann Theorien aufstellen.

Mittelstaedt: Wir haben zunächst nichts weiter als die Aufnahme der Schallwellen. Das Tier könnte auf Frequenzmodulation ansprechen. Wir modulieren also und geben dem Tierchen verschiedene Frequenzverteilung. Reagiert es nicht anders, wissen wir: das war unwichtig. Auf diese Weise kam heraus, daß die spezifische Schallmodulation egal ist. Es kommt nur auf das Ereignis an sich an. Sie können es grob entstellen; nur die Wiederholungsfolge ist wichtig.

Gerhard Frey

Semantische Probleme der Informationstheorie und Kybernetik

Die Frage nach der Bedeutung von Worten und Begriffen reicht weit in die Anfänge der Philosophie zurück. Der Platonische *Sokrates* versucht in Gesprächen den Sinn einzelner Begriffe zu ergründen. Und immer läßt uns der Schluß jener Dialoge unbefriedigt zurück, weil eine endgültige Beantwortung dessen, was etwa »Tapferkeit« sei, nicht gegeben wird. Wer sich mit Übersetzungen befaßt, weiß von den Schwierigkeiten der Bedeutungsentsprechungen in verschiedenen Sprachen. Die Unbestimmtheit der Worte ist ebenso hinderlich wie Homonymien. Die Wissenschaften haben in ihren Bereichen versucht, insbesondere der lästigen Unbestimmtheit zu entgehen, indem sie wenigstens ihre wichtigsten Begriffe definierten. Nun ist ja das Definitionsverfahren nicht *ad libitum* fortsetzbar, man kann ohne Zirkel oder *regressus ad infinitum* nicht alle verwendeten Begriffe definieren. Woraus schon *Pascal* die Folgerung gezogen hat, daß man das, was hinreichend klar sei, nicht mehr definieren dürfe. Nun ist das zweifellos ein für viele Fälle ausreichendes praktikables Rezept. Aber es löst das Bedeutungsproblem nicht.

Man begegnet heute häufig der Meinung, daß die Bedeutung eines Wortes durch seinen Gebrauch bestimmt wird. In diesem Sinne sucht der Philologe die unbekannte oder fremdartige Bedeutung eines Wortes aus dem Kontext zu ergründen — für alte Texte sicher die einzige Möglichkeit, den Sinn exegetisch zu erschließen. Diese Auffassung wird insbesondere von *Wittgenstein* in seiner Theorie der Sprachspiele vertreten. Wir lernen ein Sprachspiel und mit ihm den Gebrauch seiner Elemente, zum Beispiel eben der Wörter. Die Regeln des Sprachspiels definieren gewissermaßen die Bedeutung der Wörter.

Läßt sich aus dem Gebrauch der Wörter ihre Bedeutung vollständig herauslesen? Viele werden heute geneigt sein, in einem pragmatistischen Sinne zu sagen, daß nicht recht einzusehen sei, was Wörter an sich, das heißt unabhängig von ihrem Gebrauch oder über ihn hinaus, bedeuten sollen. Nun stimmt die Behauptung, daß die Bedeutung der Wörter und Sprachelemente durch den Sprachgebrauch vollständig bestimmt sei, sicher nicht, wenn dieser Sprachgebrauch bloß als durch einen sprachlichen Kontext definiert verstanden wird. Darin liegt ja mit eine entscheidende Schwierigkeit, einen Text, der in einer toten Sprache geschrieben ist, wirklich adäquat zu verstehen. Denn der Gebrauch der Sprache, sprachlicher Elemente und Wörter, ist von der Gesamtheit aller menschlichen Lebensäußerungen, ist von der Praxis des Lebens nicht trennbar. Dazu müssen wir aber sogleich feststellen, daß jener allgemeine Gebrauch sprachlicher Ausdrucksformen, der auf alle Lebensäußerungen bezogen ist, niemals vollständig erfaßbar und beschreibbar ist. Wäre dann aber für das Bedeutungsproblem etwas gewonnen, wenn man es auf die nicht abgrenzbare und gar nicht genau angebbare Mannigfaltigkeit aller menschlichen Lebensäußerungen beziehen muß? Wir wollen jedenfalls im folgenden die heute wohl kaum genauer zu beantwortende Frage außer acht lassen, ob die Bedeutung etwas über den bloßen Gebrauch Hinausgehendes darstellt.

Die Mathematik hat die Bedeutung ihrer Begriffe durch konstruktive Methoden präzisiert. Es scheint den meisten Menschen klar zu sein, was unter »5«, »Addition«, »Multiplikation« zu verstehen sei. Einzelne Zahlen können mit Werten oder anderen Vorstellungen verknüpft werden. Man denke an die magische Bedeutung der 3 und der 7 oder an die spekulative Bedeutung der Zahlen bei den Griechen, von den Pythagoreern bis lange nach *Platon*, oder aber an den Aberglauben, der sich an die Unglücksbringerin 13 knüpft. Der Mathematiker sieht von allen derartigen Nebenbedeutungen ab. Aber auch wenn Mathematiker sagen wollen, was die Zahl 5 bedeutet, kann es zu Differenzen kommen. *Frege*, einer der Begründer moderner mathematischer Grundlagenforschung, hat zum Beispiel gesagt, die Zahl 5 sei eine Eigenschaft von Klassen oder Mengen, nämlich aller Klassen, die die Anzahl 5 haben. Er bildete also die Klasse aller Klassen mit 5 Elementen, und durch diese Klasse war für ihn die Zahl 5 definiert. Der Konstruktivist dagegen wird sagen, daß 5 hervorgebracht wird durch den Prozeß des Aneinanderreihens von Einheiten: aus der Eins entsteht 5 durch viermaliges Aneinanderreihen. Für diese beiden Auffassungen bedeutet 5 also nicht dasselbe, und Ähnliches gilt für die Begriffe »Addition« und »Multiplikation«. Ganz gleich welche Bedeutung wir den Zahlen geben wollen, wir rechnen alle in gleicher Weise mit ihnen. Die formalistische Mathematik, die auf den Arbeiten von *D. Hilbert* basiert, hat daraus die Konsequenz gezogen, daß die Zahlen und die damit ausgeführten Operationen nur das bedeuten, was durch die Operationsregeln bestimmt ist. Genau diese Auffassung aber ist gewissermaßen prädestiniert dafür, auf alle Arten von Rechenmaschinen übertragen werden zu können.

Alle Rechenmaschinen, von der *Schickhardt*schen angefangen, rechnen, ohne darüber hinaus auf eventuelle weitere Bedeutungen der Zahlen und der Rechenoperationen Rücksicht zu nehmen. Automaten können so programmiert werden, daß sie verschiedene Operationen ausführen. Besonders wichtig erweisen sich neben den mathematischen im engeren Sinne die logischen Operationen. Schon bei den mathematischen Begriffen ist fraglich, ob sie vollständig operativ erfaßbar und darstellbar sind. Bei einem physikalischen Problem, dessen Ausrechnung an eine Maschine delegiert werden soll, werden vorher die inhaltlichen Bedeutungen, soweit sie nicht in die Operationen, Rechenbeziehungen und Funktionen eingehen, gewissermaßen abfiltriert. Nur das Relationale und Funktionale, das operativ in die Maschine programmiert wird, geht durch diese hindurch. Der *output* wird dann wieder entsprechend interpretiert. In der Informationstheorie ist es üblich geworden, diese Vorgänge als Codierung und Decodierung zu bezeichnen. Die Übersetzung der Wörter und Zeichen einer Wissenschaftssprache in die der Maschine einzugebenden Code-Zeichen stellt im allgemeinen einen semantischen Reduktionsprozeß dar. Das wurde bereits an den mathematischen Begriffen verdeutlicht. Es wurde aber dort auch sichtbar, daß jede operative Definition als eine Umdeutung oder Uminterpretation aufgefaßt werden muß. Sie geht damit auch oft über die ursprüngliche Bedeutung hinaus. Trotzdem wird man sagen können, daß alle derartigen operativ definierten Begriffe insofern reduktiv sind, als ihre Bedeutungsbreite sehr eng ist im Vergleich zu den umgangssprachlichen Begriffen. Auch die Wissenschaftssprache eines Physikers, Technikers oder Wirtschaftswissenschaftlers ist durch entsprechende semantische Uminterpretationen reduktiv aus der natürlichen Sprache entstanden.

Die hier grob skizzierte semantische Uminterpretation oder Reduktion, wie sie schon alle Wissenschaften, besonders die sogenannten exakten Wissenschaften und ganz besonders die Mathematik, vornehmen, wie sie aber nun Voraussetzung für das Arbeiten mit Automaten ist, hat ein wesentlich soziales Ziel. Die durch Uminterpretation und Reduktion präzisierten

Begriffe ermöglichen eine bessere und sicherere Kommunikation. Die Sicherheit der Kommunikation, die Ausschaltung vieler Möglichkeiten von Mißverständnissen in den Wissenschaften wird erkauft durch Bedeutungsreduktionen und -restriktionen.

Die wissenschaftlichen Bedeutungsreduktionen führen zwar zur Ausschaltung mancher Mißverständnisse, sie lösen aber allgemein das semantische Problem nicht, denn wir können uns zweifellos nicht ausschließlich in Wissenschaftssprachen unterhalten. Dazu kommt, daß auch die ganz formalisierten Wissenschaftssprachen, die Kalküle, immer eingebettet sind in natürliche Sprachen. Ohne diese Einbettungen wären sie nicht verständlich. Das gilt auch für die besprochenen semantischen Reduktionen operativ definierter Begriffe. Denn in allen Fällen muß man eine natürliche Sprache voraussetzen, damit man die operativen, formalistischen Definitionen verständlich machen kann.

Können Automaten bei der Lösung semantischer Probleme hilfreich sein? Sie sind es zunächst sicher insofern, als sie zum Beispiel den Programmierer zu logischer Richtigkeit und Präzision zwingen. Jeder Fehler, aber auch jede Ungenauigkeit im Programm zeigt sich im allgemeinen daran, daß die Maschine streikt, daß sie anzeigt, daß es so nicht geht.

Die modernen Automaten arbeiten aber nicht nur mit einem starr festgelegten Programm. Sie können so programmiert sein, daß sie ihr Programm abändern. Das kann auf Grund von Ergebnissen zum Beispiel einer Rechnung erfolgen, es kann aber auch durch Wechselwirkung der Maschine mit ihrer »Umwelt« erfolgen. Im letzteren Fall »lernt« die Maschine gewissermaßen. Durch jede Programmänderung werden aber relationale, funktionale und operative Zusammenhänge ebenfalls verändert. Das heißt aber, daß durch Programmänderung auch Bedeutungsänderungen möglich sind. Es ist ja nun möglich, die durch solche Lernprozesse umfunktionierten Operationen oder Zeichen auf ihre neue abgeänderte operative Struktur hin zu analysieren. Dies wäre insbesondere dann möglich, wenn der Automat jeden Schritt einer Programmänderung festhält, gewissermaßen notiert. Insbesondere müßte sich auf diese Weise eine funktionale Wortgebrauchsanalyse schrittweise durch einen Automaten verbessern lassen.

Wir besitzen heute Strukturanalysen natürlicher Sprachen, die sich aber im wesentlichen auf ihre Syntax beziehen. Es sind die zuerst von *Chomsky* entwickelten sogenannten transformatio-

nalen Grammatiken. Derartige Grammatiken einem Automaten einzuprogrammieren bietet keine Schwierigkeit. Nun wäre es grundsätzlich möglich, nicht nur syntaktische, sondern auch semantische Beziehungen durch derartige Strukturgrammatiken zu erfassen. Wie weit dies praktisch möglich sein wird, wissen wir heute noch nicht. So wäre es denkbar, daß ein Automat bei Aufbau derartiger, auch semantische Beziehungen umfassender Strukturschemata hilfreich wäre.
Nicht, daß wir Automaten reden lehren ist wichtig. So etwas wäre wohl nur eine Spielerei und ohne großen Nutzen. Wichtig wäre, daß uns die Automaten helfen, die Bedeutung unserer Wörter, Sprachelemente und Sprachfunktionen besser zu erfassen und uns bei dem wichtigen Anliegen der Menschheit etwas voranzubringen, sich etwas weniger mißzuverstehen.
Wir müssen uns aber dabei klar sein, daß die Grenzen für ein solches Unternehmen eng gezogen sind. Denn Automaten können immer nur operative Definitionen liefern. Die Annahme, daß Automaten sich approximativ dem wirklichen vollen Gebrauch annähern könnten, ist eine Fiktion. Denn es gibt *den* Gebrauch der Wörter, der natürlichen Sprache, gar nicht. Der Gebrauch ist von Ort zu Ort, von Mensch zu Mensch, von Situation zu Situation nie wirklich gleich. Diese Variabilität der Sprachen hängt eng mit ihrem reflexiven Charakter zusammen, das heißt, daß wir in unseren natürlichen Sprachen über sie selbst reden können. Die Variabilität ist Ausdruck ihrer Lebendigkeit, die zwar Mißverständnisse hervorruft, die andererseits aber auch unter anderem geistigen Fortschritt ermöglicht. Was uns Automaten liefern können, ist vielleicht manchmal ein besseres Verständnis, aber grundsätzlich sind dabei Bedeutungsreduktionen nicht zu vermeiden.

Verhülsdonk: Könnte man nach Ihrer Auffassung also keine Automaten schaffen, die wie Menschen sprechen? Wäre es also nicht denkbar, die schneller arbeitenden Automaten der menschlichen Sprachentwicklung vorauseilen zu lassen, um zu sehen, wie wir uns in 10 oder 20 Jahren ausdrücken werden und welche Bedeutung dann die einzelnen Wörter haben?

Frey: Da müßte man wohl zuerst eine Trenduntersuchung über die Entwicklung der Sprache machen und würde dabei möglicherweise feststellen, daß sich die Sprache nicht nur nach den ihr immanenten Gesetzen weiterentwickelt. Ich weiß aber nicht, ob solche Trenduntersuchungen praktikabel sind.

Zemanek: Sprechende Automaten gibt es bereits. Sie sprechen mit einer geborgten menschlichen Stimme, die umgewandelt im Speicher des Automaten untergebracht wird. Die gespeicherten Wörter oder Sätze können aufgerufen werden, und zwar durch ein Programm, so daß man auch andere Kombinationen hervorrufen kann: die Wiedergabe von Börsenkursen über ein fertiges System. Das ist gelöst. Man ruft den Automaten an, fragt mit der Wählscheibe und bekommt gesprochene Antworten.
Mit einem solchen Programm mittels einer *Chomsky*-Grammatik wohlgeformte Sätze einer bestimmten Sprache zu erzeugen wäre ein einfacher Schritt. Und wir sind dann bei Ihrem Thema: Wie weit kann man die Semantik dabei miterfassen? Es ist in diesem Zusammenhang vielleicht zu einem höheren Grade möglich, als Sie hier angedeutet haben. Wenn man die Bedeutung einer Sache darstellt, wird man sicher auch mit Relationen arbeiten. Solche Relationen kann man in Maschinen speichern. Ich komme eben von einer Tagung in Detroit, wo assoziative Systeme behandelt worden sind. Da gibt es sehr optimistische Leute, die sich von folgendem Vorgang etwas versprechen: Man füllt in den Automaten einen Satz nach dem anderen hinein und fügt eine Bedeutungsanalyse hinzu, indem man Beziehungen zwischen den Begriffen durch Hinweise (»pointers«) auf die entsprechenden Speicherplätze abspeichert. Das geschieht durch ein Computerprogramm, aber unter Kontrolle eines Menschen am Bedienungspult, der die Vorschläge des Computerprogramms kritisch überprüft und Unfug verhindert. Auf diese Weise wird jeder neu eingegebene Satz mit allen bereits gespeicherten Sätzen, zu denen das Programm eine Beziehung findet, verknüpft. Der Computer wirkt dann als perfekte Maschine insofern, als er in dem angedeuteten Bereich alles ausdruckt, was er zu einem eingegebenen Satz in Beziehung zu setzen vermag. Man kann sich vorstellen, wie ein derartiges System wächst, wenn ein fleißiger Untersuchungsführer mit fleißigen Programmierern arbeitet. Der Hemmschuh teurer Logik und teurer Riesenspeicher wird ja in Kürze wegfallen. Wir stehen kurz vor der Entwicklungsphase, in der die Mikrotechnologie billige Elemente liefert, so daß parallele Suchvorgänge, ähnlich wie im menschlichen Gehirn, in kurzer Zeit große Datenmengen bewältigen können. Man wird also tatsächlich ungeheure Speicherinhalte

aufsammeln können. Was diese Leute aber unterschätzen, ist die Schwierigkeit des Auswahlvorgangs, des Reduktionsvorgangs, der erst eine intelligente Reaktion ergibt.
Dabei sollten wir nicht übersehen, wie die steigende Perfektion der Syntax uns in einer Sicherheit wiegt, die, von der Semantik her gesehen, gar nicht existiert. Zwar bekommen wir zunehmend präzisere Angaben, bekommen sie schneller, mit mehr Dezimalen. Dabei glauben wir, daß die Bedeutung der Ziffern, wie sie in den ausgedruckten Tabellen schließlich vorliegen, eine ähnlich zunehmende Sicherheit aufweist, während in Wirklichkeit die Sicherheit des Resultats eines Computers natürlich nicht nur von der logischen Zuverlässigkeit im Ablauf abhängt, sondern sehr stark und geradezu vollständig vom Eingang. Die zentrale Frage jeder Datenverarbeitung liegt also in der Beschaffung der Ausgangsdaten, die der Computer ja fast nie überprüfen kann. Durch die scheinbare oder wirkliche Sicherheit des Formalen wird ein Bild der generellen Sicherheit erzeugt, das in der Realität gar nicht existiert.

Steinbuch: Zunächst zwei Bemerkungen zu dem, was Herr *Verhülsdonk* gefragt hat: Könnte man Automaten dazu verwenden, um die zukünftige Entwicklung der Semantik zu extrapolieren? Es scheint nützlich, sich klarzumachen, daß dies nicht geschehen kann. Dafür gibt es zwei sehr triftige Gründe: Einmal ist die Sprachentwicklung kein individueller Tatbestand, sondern ein gesellschaftlicher Tatbestand. Man darf sich also nicht vorstellen, man könnte ein Individuum simulieren, dessen Sprachgewohnheiten in 10 bis 20 Jahren man so bekäme. Das ist völlig irreal. Zu simulieren wäre vielmehr die Gesellschaft. Damit aber wäre jede sinnvolle Grenze einer Simulationsmöglichkeit überschritten. Man kann es aber auch aus einem ganz anderen Grunde nicht tun: Zweifellos sind sowohl im Gehirn des Individuums als auch im gesellschaftlichen Geschehen indeterminierte Vorgänge enthalten, so daß diese Extrapolation prinzipiell unmöglich ist.
Zu Herrn *Zemaneks* Ausführungen ergänzend nur noch dies: die Unsicherheit im Semantischen gegenüber der Vervollkommnung syntaktischer Möglichkeiten als generelle Erscheinung ist unbestreitbar. Immerhin gibt es praktische Detailprobleme — künftige Entwicklung des Lehrerbedarfs, des Studentenbedarfs —, wozu semantisch klar definierte Fakten seit Jahren vorliegen und Voraussagen möglich gewesen wären. Es hieße

gewiß Herrn *Zemanek* mißzuverstehen, wollte man mit dem Hinweis auf semantische Unsicherheit auf mögliche Zukunftsberechnungen verzichten.

Großmann: Ich möchte noch etwas über das semantische Speichersystem bemerken, das Herr *Zemanek* beschrieben hat. Für Lernvorgänge ist Aktivität gegenüber der Umwelt doch Voraussetzung, der Mensch als sprachlernendes System setzt sich mit seiner sozialen Umwelt auseinander. Wörter werden assoziiert mit Verhaltensweisen in der Praxis – und daraus resultiert auch wieder Planung. Inwiefern ist der semantische Raum, derart weit genommen, in einem Simulationssystem enthalten?

Frey: Das Simulationssystem ist reduktiv stark beschränkt, weil ja nur reine Sprachsignale hineinkommen, während der Mensch Informationen über viele Kanäle aufnimmt. Wir haben noch keinen Computer, der Sprache mit Bildeindrücken verknüpft – was für das menschliche Sprachlernen doch eine Selbstverständlichkeit ist.

Großmann: Es bleibt die Simulation also ausschließlich innerhalb des sprachlichen Systems, sie ist systemimmanent. Es gibt also nicht die beim Sprachenlernen so außerordentlich wichtige Übersetzung von Verhalten in Sprache und von Sprache in Verhalten.

Zemanek: Das ginge ja nur, wenn wir dem Computer Sinnesorgane und alles mögliche andere geben könnten, was nicht prinzipiell unmöglich ist, aber eine ziemliche Arbeit macht.

Frey: Das war das, was ich gesagt habe. Die Sprache ist nicht ablösbar von der gesamten Umwelt.

Bar-Hillel: Einen Terminus möchte ich in diesem Zusammenhang anführen, den ich irgendwo gefunden habe, ohne mich erinnern zu können, wo. Das Wort *Kotext.* – Neben dem Terminus Kontext, den man im üblichen linguistischen Sinne eines Textzusammenhangs weiter benutzen sollte, könnte der Terminus Kotext die extralinguistische Beziehungsvielfalt der Sprache bedeuten. Im Englischen geht das ausgezeichnet; ich glaube, auch im Deutschen.

Herr Professor *Frey* hat für meinen Geschmack nicht nachdrücklich genug darauf hingewiesen, daß die Frage »Was ist?«, die von *Platon, Sokrates* und anderen natürlich für Jahrtausende gestellt wurde, heute im allgemeinen als eine schlecht gestellte Frage abgelehnt werden sollte. Für alle theoretischen Begriffe sind Fragen, die mit »Was ist?« beginnen, die schlechtestmöglichen Fragen. Es ist nicht so, daß wir Schwierigkeiten hätten, eine Was-ist-Frage zu beantworten. Es ist einfach eine schlechte Frage! Sie soll gar nicht beantwortet werden. Die Frage »Was soll?« ist dagegen für theoretische Begriffe die einzig korrekte Frage. Man sollte daher heute die Was-ist-Frage durch die Was-soll-Frage ersetzen. Ich bin nicht sicher, ob Professor *Frey* mit mir übereinstimmt. Ich halte das aber für außerordentlich wichtig.

Frey: Es handelt sich um dasselbe, als ich vom Gebrauch der Wörter sprach, der von der Praxis des Lebens nicht zu trennen sei.

Bar-Hillel: Also auch Ablehnung der Was-ist-Frage. Nun komme ich auf die *computational linguistics* zu reden, ein Ausdruck, der hier noch gar nicht benutzt worden ist. Auf deutsch würde ich sagen: rechnerische Sprachwissenschaft.
(Zurufe: Statistik!)
— Nein, nein! Gar nicht! Es ist ganz und gar nicht nur Statistik. Diesen Begriff gibt es im Englischen. Es ist Linguistik, die mit Computeransatz betrieben wird. Die Sicherheit des Formalen kann man schon heute — wenn man will — auf die Semantik übertragen. Und was hat man davon? Man umgeht nur die Unsicherheit einer Konkretisierung auf das Pragmatische! Es gibt schon heute Dutzende von außerordentlich schlechten formalen Semantiken der natürlichen Sprache. Ich kann jedes Kind in einer Stunde anweisen, wie es das machen soll. Eine formale Semantik einer natürlichen Sprache anzugeben ist das einfachste, was es gibt.

v. Ditfurth: Eine Zwischenfrage: Ich versetze mich jetzt in die Situation eines Laien. Ich verstehe nicht, was Sie unter formaler Semantik verstehen.

Bar-Hillel: Ein Computer wird ohne weiteres mit Hilfe einer formalen Semantik jeden deutschen Satz in beliebig viele an-

dere formal gleichwertige deutsche Sätze transformieren, sofern er daraufhin programmiert wurde. Aber: was hat man davon? Dieser deutsche Satz ist nun mit den anderen auf der Grundlage dieses Systems semantisch formal äquivalent. Ist er dies nun aber deshalb auch im Gebrauch? Davon ist natürlich bei dieser formalen Semantik nicht im geringsten die Rede. Da ist wirklich zu fragen: Was hat man davon? Was bietet das? Inwiefern beschreibt das formale Sprachverhalten auch das pragmatische ... Bisher hat man diese Frage von der Syntax auf die Semantik einfach abgeschoben.
Hier wird ein Problem der Arbeitseinteilung aufgeworfen, ein sehr interessantes inhaltliches Problem der gesamten Sprachwissenschaft: Längs welcher Grenze soll man die Arbeitseinteilung vornehmen? Was soll den Syntaktikern überlassen werden, was sollen die Semantiker machen und was bleibt für die Pragmatiker? Hat das überhaupt Sinn? Ich selbst muß sagen: Ich habe mehr und mehr Zweifel am wissenschaftlichen Sinn der Unterscheidung zwischen Semantik und Pragmatik überhaupt; dieser Abstraktionsschritt ist mir immer mehr zweifelhaft geworden.

Zemanek: Durch diese Unterscheidungen bringt man den Computer doch dahin, daß er die Sprache versteht, und zwar aufgrund der Beziehungen syntaktischer, semantischer und pragmatischer Art, die der Computer in sich gespeichert hat. Ein Einwurf, den nicht ich, den aber die Leute machen würden, die daran arbeiten: Aber auf diese Weise bekomme ich den Computer ja dahin, daß er die Sprache versteht, und zwar aufgrund der Beziehungen, die er in sich gespeichert hat.

Bar-Hillel: Er »versteht« – in Gänsefüßchen. Der Computer weiß, was man in ihn hineingeschrieben hat, daß das eine Wort durch ein anderes in bestimmten Sprachzusammenhängen ersetzt werden kann. Damit kann er hin- und hermanipulieren. In diesem Sinne versteht er es, aber nicht in dem Sinne, daß der Computer wüßte, welchen dieser Sätze er zur Beschreibung irgendeines Sachverhaltes benützen könnte. Das gesamte Problem der Anwendung bleibt absolut Sache des Benutzers. Was bei dieser *computation of semantics*, wie das häufig genannt wird, nicht berücksichtigt wird, ist, daß Verstehen nicht immer von der Bedeutung der einzelnen Wörter zu der Bedeutung der Sätze führt, sondern daß hier ein Zickzack-Prozeß vorliegt, daß

also viele Wörter ihre Bedeutung nur dadurch bekommen, daß sie im Zusammenhang bestimmter Sätze erscheinen. Eine atomistische Linguistik aber, die vom isolierten Wort ausgeht, ist ebenso grundverkehrt wie die atomistische Logik, die vor 50 Jahren von *Wittgenstein* und *Russell* formuliert wurde. Die Leute, die sich heute damit abgeben, sind nicht dumm, so daß sie trotz ihrer absolut falschen Anfangstechnik zu hin und wieder interessanten Ergebnissen gelangen. Ihre vom einzelnen Wort ausgehenden Assoziationsnetze oder semantischen Netze führen schon zu irgendwelchen Resultaten. Aber sie bleiben sehr schnell im Sande stecken. Diese Leute müssen erst wieder einmal *Frege* entdecken, nicht zu reden davon, daß es inzwischen auch andere Semantiker gegeben hat, zum Beispiel *Carnap*, der absolut von dieser Richtung vergessen worden ist. *Carnap* hat schon im Jahre 1934 gezeigt, daß »Bedeutung« auf eine Grundrelation zurückgeführt werden kann, nämlich die Konsequenzrelation, die zwischen Sätzen, aber nicht zwischen Wörtern besteht.
Mit der Konsequenzrelation über das gesamte Sprachgeschehen werden fast automatisch alle diese Bedeutungsfragen nicht im Sinne von »Was ist?«, sondern von »Was kann man damit machen?« gelöst.

Mittelstaedt: Die Methode, daß man die Bedeutung des Wortes durch seinen Gebrauch ersetzt, kann bei rationaler Betrachtungsweise außerordentlich fruchtbar sein, wenn man auf objektive Erforschung der Struktur aus ist. Aber für den gänzlich anders gerichteten Phänomenologen ist genau der umgekehrte Standpunkt der richtige. Er konzentriert sich darauf, was das Subjekt erlebt, während es spricht. Ich habe eine Aura von Vorstellung und Empfindung, die zum Beispiel das Wort »Berg« erweckt. Es gibt also sicher einen anderen Zugang zu den Problemen über die Phänomenologie, die auch für die Psychologen viel wichtiger ist.

Steinbuch: Ich bin durchaus der partiell kontroversen Ansicht von Herrn *Mittelstaedt*. Ich stimme Herrn *Bar-Hillel* zu, wenn er sagt, das Verständnis der natürlichen Sprachen ist unglaublich kompliziert. Dadurch ergeben sich zwangsläufig paradoxe Probleme, und da kann ich Bezug nehmen auf das, was Herr *Bar-Hillel* heute schon sagte: »Die natürlichen Sprachen sind optimal für die Gesamtheit ihrer Zwecke.« Ich drehe das Problem jetzt aber um und frage: Ist es nicht nur ein noch nicht überwundener Mangel an Verständnis, daß diese Dinge heute noch so kompliziert erscheinen? Denn es gibt keinen Zweifel, daß die sprachlichen Phänomene das Ergebnis neuronaler Funktionen sind und daß man bei diesen eine gewisse Optimierung, gewissermaßen die biotechnisch ökonomischste Lösung erwarten darf, die dann auch relativ einfach sein müßte.

Aschoff: Ich möchte den Versuch machen, Herrn *Frey* und Herrn *Bar-Hillel* von einer anderen Seite her in Extreme zu treiben.
Ich habe von dem Referat von Herrn *Frey* in Erinnerung behalten, daß er darauf aufmerksam gemacht hat, mit welchen Schwierigkeiten wir zu tun haben, weil die Sprache so unbestimmt ist. Sie, Herr *Bar-Hillel,* haben hervorgehoben, wie wichtig es ist, daß sie unbestimmt ist. Herr *Bar-Hillel* hat gesagt, die Sprache ist optimal redundant. Ich möchte gerne wissen: Ist sie auch optimal vage?
Herrn *Frey* möchte ich fragen, ob man ihn so zu verstehen hat, daß er es wünschenswert fände, daß die Sprache weniger vage sei. Wenn sie nach Herrn *Bar-Hillel* optimal vage ist, dann darf Herr *Frey* ihm nicht mehr zustimmen.

Frey: Ob sie optimal vage ist, weiß ich nicht. Ich vermag auch nicht zu sagen, ob oder wie es überhaupt feststellbar sein könnte, daß sie optimal vage sei. Daß sie vage ist, ist ein Faktum. Insofern würde ich Herrn *Bar-Hillel* zustimmen, daß für viele Funktionen unserer Sprache diese Vagheit notwendig ist. Vielleicht darf ich an dieser Stelle noch eines hinzufügen: Ich glaube nämlich, daß es nicht nur die Unbestimmtheit oder Vagheit ist, die unsere natürlichen Sprachen auszeichnet, sondern halte für auszeichnend etwas anderes, was ich immer mit »Reflexivität der Sprache« bezeichne. Es ist einfach so, daß ich in unseren natürlichen Sprachen immer über unsere natürliche Sprache und über alles, was ich in ihr sage, reden kann. Das bedeutet: diesen berühmten, einst gemachten Unterschied von Objektsprache und Metasprache gibt es in unseren natürlichen Sprachen nicht. Diese Reflexivität unserer Sprache ist meiner Meinung nach eine weitere Eigenschaft, die zu Schwierigkeiten bezüglich der Eindeutigkeit der Kommunikation und der formalen Erfaßbarkeit der Sprache führt. Ich bin aber absolut der Meinung, daß sowohl die Reflexivität, bei der es ganz evident ist, aber auch die Vagheit der Sprache Voraussetzungen dafür sind, daß wir uns überhaupt sinnvoll verständigen können.

Aschoff: Noch eine Zusatzfrage: Sie haben gezeigt, daß zuviel Unbestimmtheit nicht wünschenswert ist; andererseits ist die Unbestimmtheit etwas Wichtiges. Sie haben in diesem Zusammenhang ausgeführt, wieviel mehr Wörter wir bei größerer Bestimmtheit brauchten, woraus der irrtümliche Eindruck entstehen könnte, daß es lediglich eine Frage der Ökonomie ist, daß wir vage Begriffe gebrauchen.

Bar-Hillel: Auch, aber nicht nur!

Aschoff: Auch! Das wollte ich noch einmal wissen. Wenn man diesen Begriff der Unbestimmtheit und Redundanz überhaupt erfassen kann, wie ist es dann beim Sprachvergleich? Wieviel wissen wir darüber, wie verschieden redundant und wie verschieden unbestimmt verschiedene Sprachen sind? Es wird häufig gesagt, diese Sprache sei besonders geeignet für dieses, die andere für jenes.

Bar-Hillel: Das ist alles Unsinn. Das ist meine Ansicht, die allerdings nicht von jedem geteilt wird.

v. Randow: Ist es wirklich Unsinn? Kann man nicht sagen, die eine Sprache ist redundanter als die andere? Deutsch zum Beispiel redundanter als Englisch?

Bar-Hillel: Nein! Nicht einmal das deutsche Sprechen ist stärker redundant!

Zemanek: Doch, bezogen auf den Buchstaben, kann man so etwas sagen. Das Wort »redundant« wird ja häufig bezogen auf einen Buchstaben in einem Text.

Aschoff: Ich möchte wissen, wie viele, die hier etwas davon verstehen, zustimmen, daß alle Sprachen gleich redundant seien.

Bar-Hillel: Für »Sprache« kann man Redundanz überhaupt nicht benutzen, nur für »Sprechen«. Daß verschiedenes Sprechen verschieden redundant ist, ist klar. Aber daß der durchschnittliche

Deutschsprecher redundanter ist als der durchschnittliche Englischsprecher, das halte ich für Phantasie.

Steinbuch: Ich kann Ihnen, Herr *Bar-Hillel,* hier nicht folgen. Ich glaube, daß nach statistischen Mitteln zum Ausdrücken desselben Sachverhaltes im Englischen 5 bis 10 % weniger Buchstaben gebraucht werden.

Bar-Hillel: Diese Redundanz ist völlig uninteressant; der einzig Interessierte daran wird der Buchdrucker sein.

Mittelstaedt: Zur Klärung! Wenn Sie die Gesamtredundanz nehmen, die semantische und die pragmatische Redundanz, dann ist klar, daß für alle Sprachen, die genügend entwickelt sind, die Redundanz ungefähr dieselbe ist. Welcher englische Wissenschaftler würde etwas in englisch ausdrücken wollen, wenn er es in deutsch besser und schneller sagen könnte!

Aschoff: Mit dem Ausdruck »optimale Redundanz« von heute morgen war gesagt, daß die Sprache für die Vielzahl ihrer Zwecke geeignet ist. Wollen Sie damit sagen, daß alle Sprechsprachen in gleichem Maße für die Vielfalt möglicher Zwecke geeignet sind? Wenn sie aber auf verschiedene Weise für verschiedene Zwecke geeignet sind, würde ich folgern, daß sie vermutlich auch verschiedene Redundanz haben.

Bar-Hillel: Suaheli im Augenblick, ja. Da wimmelt es von Neologismen. Man kann das nicht quantitativ aufzeigen, aber das Suaheli von 1988 wird sicher dieselbe Redundanz haben wie andere Sprachen, für alle Anwendungsgebiete. Daß es lokale Gleichgewichtsstörungen geben kann, weil in einer bestimmten Sprache aus irgendwelchen Gründen ein bestimmtes Gebiet noch nicht behandelt ist und die Termini fehlen, die dann umständlich umschrieben werden müssen, ist selbstverständlich. Doch das gleicht sich historisch aus.

Haseloff: Ich glaube, daß es nicht feststeht, daß die Vieldeutigkeit der natürlichen Sprachen von vornherein unproblematisch vorteilhaft ist. Ich finde nicht, daß gewichtige Belege dafür gegeben wurden. Zwar sehe ich durchaus auch Vorteile, aber es gibt ebenso eine Reihe von Nachteilen. Die Vieldeutigkeit der Umgangssprache etwa ist ein wichtiger Faktor bei der Entstehung von Konflikten. Untersucht man die Vorgänge der Konfliktlösung . . .

Bar-Hillel: Ein Beispiel für die Konfliktlösung: die UN-Charta: Die Vieldeutigkeit der französischen Ausdrucksweise ist ein wichtiger Faktor für die Konfliktlösung.

Haseloff: Sprachliche Vieldeutigkeit als Faktor einer Konfliktlösung, würde ich sagen, bewirkt stets nur eine Aufschiebung des Konflikts. In der Rechtsprechung schaffen die Generalparagraphen Rechtsunsicherheit und bewirken unterschiedliche Urteile. In der politischen Auseinandersetzung gibt es viele Konflikte, die sich allein aus der Vieldeutigkeit der Sprache ergeben. Dafür gibt es genug Beispiele. Oder nehmen wir den Bereich der Psychopathologie: Menschen, die an einer Angstkrankheit leiden, müssen lernen, immer prägnanter über ihre Zustände und ihre Probleme zu reden. Sprachliche Diskrimination und Unterscheidung sind ein wichtiger Faktor in der Beseitigung von Angst. Über diese Zusammenhänge zwischen Angst, Unsicherheitsgefühl und Ungenauigkeit der Sprache gibt es zahlreiche Untersuchungen.
Herr *Mittelstaedt*, Sie haben auf den phänomenologischen Zugang zur Entstehung von Bedeutung hingewiesen. Wenn Eingeborenensprachen in Südamerika das, was wir »grün« nennen, mit 24 verschiedenen Namen, die nicht als Ableitungen eines Wurzelwortes erscheinen, bezeichnen, hat dies eine wichtige kognitive Funktion. Der Urwald ist für sie dann weniger homogen, und sie gewinnen eine Orientierungshilfe. Auf welche Weise wir sprachlich Klassen bilden, ist für unseren Wahrnehmungsprozeß von größter Bedeutung. Ich glaube kaum, daß es für den Menschen eine bewußte Wahrnehmung ohne die organisatorische Funktion von Wörtern gibt. Ohne Wörter lassen sich komplizierte Sachverhalte schwer denken. Es ist sicher, daß die Organisation der Wahrnehmung in Abhängigkeit steht zur Klassenbildung, über die sprachlich verfügt wird. Eine Differenzierung der Wahrnehmung und der Beobachtung hat zur Voraussetzung, daß unterschiedliche Benennungsmöglichkeiten zur Verfügung stehen. Wenn das nicht der Fall ist, kann vieles in der Wahrnehmung nicht diskriminiert werden.
Gesamtgesellschaftlich sehe ich nicht einen großen Vorteil in der Vielseitigkeit der Sprache *per se*. Die Vieldeutigkeit von Sprache im Kommunikationsprozeß hat insofern eine komplizierende

Wirkung, als sie den Kommunikationspartnern erlaubt, bei demselben Wort sich Unterschiedliches vorzustellen. Das ist zwar konfliktreduzierend im ersten, oberflächlichen Sinn. Aber ich bin der Auffassung, daß der Konflikt nachfolgt, sobald Handlungen und Entscheidungen getroffen werden müssen: dann tritt Enttäuschung ein. Und sie ist nichts anderes als der Verlust der Täuschung, die zunächst durch die Vieldeutigkeit der Sprache entstanden ist. Es scheint mir also eine etwas harmonisierende Betrachtung zu sein, wenn man den kalmierenden Effekt der Vieldeutigkeit, ihre glättende Wirkung auf die Konflikthaftigkeit der menschlichen Beziehungen so stark betont. Gerade in unserer heutigen Situation ist man vor die Notwendigkeit gestellt, die Kommunikation zu präzisieren, weil Konflikte aus Gründen der Komplexheit der Systeme, in denen wir leben, so außerordentlich plötzliche und dann nicht mehr steuerbare Folgen haben können. Wir werden vielleicht ein Stück Poesie verlieren – doch auch die poetische Sprache hat ja ihre eigene hohe Präzision. Jedenfalls: die Eindeutigkeit der Kommunikation ist in der heutigen Situation bereits eine Notwendigkeit des Überlebens.

Köbner: Es scheint so zu sein, daß eine Sprache sich bei solchen Gegenständen in eine Vielzahl homologer Begriffe auffächert, die der Sprachgemeinschaft besonders wichtig sind. Bei der Frage, wie umfangreich eine Sprache sein müßte, um alle Begriffe zu enthalten, wäre also nicht nur von der Theorie sondern auch von den Zwecken auszugehen, die eine Sprache für eine in Zeit und Raum stehende Sprachgemeinschaft erfüllen soll. Wahrscheinlich kann weithin auf eine Auffächerung der Begriffe verzichtet werden. Aber diese Dinge ändern sich historisch. Ich könnte mir auch vorstellen, daß das In-Reserve-Halten von vagen, unbestimmten Begriffen gerade für Zeiten, in denen diese Begriffe sich vielleicht mit einem bestimmten neuen Sinn erfüllen müssen, eine große Bedeutung hat. Es wurde davon gesprochen, daß in der Rechtsprechung die Generalklauseln die Rechtssicherheit beeinträchtigen. Man kann das aber genausogut umdrehen. Die beiden Grundanliegen des Rechts sind ja Gerechtigkeit im Einzelfall und Rechtssicherheit für die Vorhersehbarkeit der Entscheidungen. Wenn ich ein Gesetzbuch aus dem Jahre 1900 konsultiere mit 2385 Paragraphen und die Dinge, die damals sehr wichtig waren, genau lese, dann scheint es mir sehr nützlich, daß in einem dieser Paragraphen – dem

§ 42 des BGB — auch steht, daß alle Rechtsverhältnisse nach Treu und Glauben und unter Berücksichtigung der jeweiligen Verkehrssitte zu betrachten sind. Das ist eine ungeheuer vage, ungeheuer breit angelegte Generalklausel, die tatsächlich auch zu einer ungeheuer breiten Rechtsprechung geführt hat: Es gibt einen Kommentar, der diesen Paragraphen in einem Sonderband mit 1500 Seiten behandelt. Aber es ist ein Segen, heute ein solches Reservoir zu haben; denn von den 2385 Paragraphen aus dem Jahre 1900 hat heute eine große Zahl überhaupt keine Bedeutung mehr. Da kann man nun auf die Generalklausel zurückgreifen. Die Gerechtigkeit im Einzelfall kann man nur dadurch erfüllen, daß man diesen Paragraphen heranzieht, um ungerechte Entscheidungen zu vermeiden, wenn auch der Rechtssicherheit durch ihn etwas Abbruch getan wird.

Haseloff: Daß hier die segensreiche Funktion der Generalklausel aufscheint, ist wohl nur eine Folge der geringen Bereitschaft, die Rechtsverhältnisse und die Rechtsordnung der Wandlung der gesellschaftlichen Bedingungen anzupassen. Wenn zum Beispiel Recht die Gerechtigkeit sichern soll und Gerechtigkeit in einer Generalklausel auftritt, dann ist schon das semantische Problem der Vieldeutigkeit gegeben. Mit dem Wort »Gerechtigkeit« kann ich alles und das Gegenteil von allem gleich gut beweisen. Das mag recht gut sein für die Entstehung von Solidaritätsgefühlen in einer entspannten Atmosphäre. Wenn ich aber nun in starkem Maße von einer subjektiven Interpretation des Wortes »Gerechtigkeit« durch den Herrn Amtsrichter abhängig und betroffen bin, dann möchte ich vielleicht doch wünschen, daß man die Generalklauseln einschränkt und die Rechtsordnung den gewandelten Lebensverhältnissen anpaßt. Da ist eben Eindeutigkeit zu fordern. Die Rückständigkeit von Politik, Erziehung und Recht, die für unsere Gesellschaft heute eine große Belastung ist, hängt, glaube ich, mit diesem Problem der Vagheit zusammen.

Großmann: Die Begriffe »Vagheit« und »Redundanz« scheinen mir im Verlauf des Gesprächs mehrmals allzu nahe aneinander gerückt worden zu sein. Da sollte man auf jeden Fall aufpassen. Es handelt sich wirklich um zwei verschiedene Dinge. Unter redundantem Sprachgebrauch versteht man doch wohl, wenn mit mehr Worten als nötig ein präziser Sachverhalt vermittelt wird. Wenn man von Vagheit spricht, hat man die Vorstellung, daß ein bestimmtes Wort oder auch ein Satz ein bestimmtes Kommunikationsthema nicht präzis vermittelt. Nun ist aber auf beide Ausdrücke, sowohl auf Redundanz als auch auf Vagheit, der Ausdruck »optimal« bezogen worden. Bei der Redundanz kann man leicht zu der Definition kommen, eine Sprache sei dann optimal redundant, wenn ihre Redundanz dem jeweils besonderen Verständigungszweck optimal dient. Wann aber ist eine Sprache optimal vage? Das ist vorhin gefragt worden. Von der Entwicklungspsychologie her fällt mir ein, daß, wenn ein Kind eine Sprache lernt, es bestimmte Wörter relativ vage gebraucht, weil es anfangs nur über wenige Wörter verfügt, und diese Wörter gelten für sehr weite Bereiche. Diese Bereiche werden semantisch immer weiter eingeengt, so daß das Kind, indem es mehr Wörter lernt, also seinen Wortschatz vergrößert, nun auch seine Umwelt sehr viel genauer präzisieren kann. Die Konsequenz davon aber ist: je präziser dieses Kind zu sprechen lernt, um so eingeschränkter wird es gegenüber Neuem, gegenüber Veränderungen in der Umwelt hinsichtlich solcher semantischer Bereiche. Das heißt: Die Vagheit ist notwendig, um eventuelle Veränderungen auch im Sprachschatz und bei den semantischen Vorstellungen zu gewährleisten. Die Präzision aber ist notwendig für eine optimale Kommunikation zwischen zwei und mehr Individuen. Wenn man überhaupt »Vagheit« mit der Bestimmung optimal belegen will, muß man versuchen, diese Sache auch rein operational in den Griff zu bekommen.

Kühne: Kann man sich darauf einigen, ob man von Vagheit der Sprache oder von der Vagheit der Begriffe sprechen soll? Vagheit der Begriffe muß nicht unbedingt Vagheit einer Aussage bedeuten.

Petermann: Bedeutet Vagheit der Begriffe nicht auch immer Vagheit der Sprache? Alle reden von Demokratie, doch jeder versteht dieses Wort anders, was auf den Zusammenhang ausstrahlt.

v. Randow: Man kann eine Reihe von vagen Begriffen aneinanderbinden. Durch die Kombination dieser vagen Begriffe entsteht ein weniger vager Inhalt. Diese Möglichkeit besteht durchaus.

Steinbuch: Ich will nicht widersprechen, Herr *v. Randow,* aber sind Sie in der Lage, ein präzises Beispiel für Ihre Behauptung anzugeben?

v. Randow: Ja, wir sprechen vom »Wortschatz«. Ich glaube, daß das Wort »Schatz«, das zunächst ein sehr vager Begriff ist, durch seine Bindung an das Wort »Wort« in seinem Anwendungsbereich wesentlich eingeschränkt worden ist.

Kaufmann: In der Medizin gibt es viele äußerst vage Begriffe, unter denen sich die Ärzte doch etwas vorstellen, zum Beispiel »vegetative Dystonie«. Das ist ein Deckwort für unheimlich viele Befunde. Wird um Definitionen gebeten, so definiert fast jeder Arzt anders. In Computer einspeichern lassen sich manche Befunde deshalb nicht, weil Befunde und Diagnosen in vielen Fällen subjektiv voneinander abweichen – auch wenn dann in der Therapie von allen der richtige Weg gegangen wird.
Aber als ich mich vorhin meldete, wollte ich ein ganz anderes Beispiel sagen, weil das Wort »Sprache« hier so vielgestaltig benutzt worden ist, daß einem der Kopf schwirrt und man nicht mehr weiß, welche Sprache gemeint ist.
Vor fünfzehn Jahren fand in Frankreich der Prozeß gegen den Bauern *Domenici* statt, der angeblich eine englische Familie mit der Axt erschlagen hatte. Zu diesem Prozeß fuhr der bekannte Dichter *Giono* und schrieb darüber später einen Report. Im Verlauf dieses Reports machte er einmal die Bemerkung: »Ich habe jetzt sämtliche Stenogramme durchgesehen. Der *Domenici* verfügt über 85 Wörter und er unterhält sich ständig mit einem Richter, der etwa über 5000 bis 10 000 Wörter verfügt.« Der *Domenici* hatte 85 Wörter und dazu einige Grunz- und Knarrlaute, die er von sich gab. Mit diesen konnte er sich dem Richter gegenüber absolut und sogar sehr schlagfertig – er war nämlich intelligent und kein dummer Mensch – verständlich machen. Hier haben wir innerhalb einer Kultursprache, des Französischen, zwei Extremfälle: den Richter, der über einen Wortschatz wie *Flaubert* oder *Balzac* verfügt, und auf der anderen Seite den *Domenici*, der in seinem Leben mit ganz wenigen Wörtern ausgekommen ist, damit aber imstande war, sich seiner Umwelt gegenüber immer klar auszudrücken, und dies sogar in einem komplizierten Gerichtsprozeß.
Man kann also offensichtlich die Menge der Wörter, die verwendet werden, nicht unbedingt als Maßstab für die Möglichkeit des Verständlichmachens und des Verstehens nehmen. Es

gibt in der Sprache noch etwas, wovon hier überhaupt noch nicht die Rede war: das sensible Element. Es war nicht davon die Rede, daß die Art, wie man etwas ausspricht, welche Gesten man dazu macht, welche Mimik, welcher Tonfall verwendet wird, die Sprache immer wieder etwas anderes ausdrücken läßt, etwas, was wir, wenn wir es niederschreiben sollen, fast nicht mehr wiedergeben können. Vielleicht weil dieser Direktkontakt mit Gestik und Tonfall in der wissenschaftlichen Welt meist fehlt, werden dort oft so viele Worte nötig.

Kühne: Zur Vagheit der Diagnose, von der Sie sprachen. Wir haben schließlich den Arzt, der sich in der Vagheit der Diagnose irren kann und der sich in dieser Vagheit doch sicher fühlt — ein psychologisches Phänomen — und der gerade in der Therapie des Vegetativums im wesentlichen Psychotherapie treibt, ob er das weiß oder nicht.

Bar-Hillel: Ich glaube nicht, daß zwischen mir und Professor *Haseloff* eine tiefgreifende Meinungsverschiedenheit besteht. Aber die Beispiele und Argumentationen zur politischen Bedenklichkeit sprachlicher Vagheit haben mich nicht überzeugen können. Ich gebe nicht zu, daß die politische Ausdrucksweise generell zu vage sei für das Wohl der Menschheit. Zweifellos werden auch dadurch Konflikte geschaffen. Sie werden mir aber zugeben, daß durch vage politische Ausdrucksweise Konflikte auch aufgeschoben werden. Das Aufschieben von Konflikten wird in den meisten Fällen die einzige Möglichkeit sein, sie nicht zum Austrag kommen zu lassen. Wenn die Konflikte nicht auf diese Weise aufgeschoben würden, würden sie wahrscheinlich in kurzer Zeit zu einer katastrophalen Gewaltlösung drängen. Ich bin nicht überzeugt, daß dies besser sein sollte als Konflikte aufzuschieben.

Damit aber wären wir in einer politischen Diskussion und nicht mehr in einer sprachwissenschaftlichen. Es kann sein, daß für bestimmte Dinge die politische Kommunikationsweise sich bereits von einem Optimum zu sehr entfernt hat. Das muß aber in jedem Einzelfall genau bedacht werden, kann nicht pauschal beurteilt werden.

Wittgenstein schrieb einmal: »Alles was sich aussprechen läßt, läßt sich klar aussprechen.« Ich möchte behaupten, daß dies ein schlimmes Vorurteil ist. Was immer sich sagen läßt, kann im allgemeinen ganz und gar nicht klar gesagt werden. Mir scheint dies absolut evident zu sein.

Fast menschenfeindlich wäre es außerdem, zu behaupten, daß das, was immer sich sagen läßt, sich nicht nur klar sondern auch einfach sagen läßt, wie ein Engländer einmal *Wittgensteins dictum* »verbessert« hat. Das würde ja bedeuten, daß wir mit einem noch kleineren Teil unseres Gehirns hätten auskommen können als wir auszukommen scheinen – was ich nicht einmal *Wittgenstein* zutrauen würde. Es gibt viele Dinge, die sich nur dann sagen lassen, wenn wir den Vollgehalt unseres Gehirns gebrauchen. Dann sind die Dinge aber nicht mehr einfach ausdrückbar. Wenn es wichtig ist, für einen bestimmten Zweck sich semantisch eindeutig auszudrücken, kann das erzwungen werden – aber um welchen Preis! Er wird sehr häufig höher sein als einem lieb ist. Man kann sich entweder mit syntaktisch extrem vereinfachten Sätzen ausdrücken: dann wird aber die semantische Ambiguität so hoch, daß wahrscheinlich die Kommunikation ernstlich darunter leidet. Oder man kann die semantische Ambiguität auf ein Minimum herunterdrücken: dann werden alle möglichen anderen Preise dafür bezahlt werden müssen, die im allgemeinen wahrscheinlich zu hoch sein werden.

Ich wiederhole: Im allgemeinen ist der Mittelweg zwischen diesen Extremen, auf dem wir uns im sprachlichen Normalfall bewegen, der beste. Es ist gut anzunehmen – obwohl es nicht bewiesen werden kann –, daß er unter normalen Umständen ziemlich genau an das Optimum heranführt.

Es gibt sicher Verhältnisse, in denen es wichtig ist, möglichst zu präzisieren, zum Beispiel in der Wissenschaft, hin und wieder vor den Gerichten, hin und wieder in politischen Diskussionen. Aber nicht immer! Ich würde sagen: Präzisierung über das jeweils gebotene Maß hinaus ist ein Zeichen von scholastischer Denkweise. Man soll also nie mehr als notwendig präzisieren. Präzisieren nur, wenn der Zweck klar ist, und nicht mehr, als durch die Umstände erforderlich erscheint. Fragen Sie sich bitte in allen diesen Dingen: Wozu und für welchen Preis? Wenn nur ein einziger Faktor in einem Gesamtsystem optimiert wird, ist es sehr wahrscheinlich, daß das Gesamtsystem dadurch nicht optimiert wird. Das Arbeiten mit partiell interpretierten Termen muß gelernt sein. Wir Menschen haben es gelernt. Das zeigt die Wissenschaft, die wesentlich in einem Arbeiten mit partiell interpretierten Termen besteht. Darauf zu verzichten, halte ich für falsch. Die partielle Interpretation ist das Lebensblut der wissenschaftlichen Termen. Gerade die Tatsache, daß sie nicht voll interpretiert sind, ist das, was der Wissenschaft ihre Macht gibt.

v. Randow: Ein Beispiel dafür, welchen Preis man unter Umständen zahlen muß, wenn man zu sehr präzisiert, liefert die Arbeit des wissenschaftlichen Journalisten. Nehmen Sie einen Zeitungsartikel über ein wissenschaftliches Problem. Diese Art der Kommunikation wäre ausgeschlossen, wenn sich der Journalist wirklich präzise ausdrücken wollte. Hier ist eine gewisse Vagheit das Erstrebenswerte.

v. Ditfurth: Sie ist ja keine Verfälschung.

v. Randow: Es ist ein bewußtes und sorgfältiges Ungenaumachen mit dem Ziel leichterer Verständlichkeit.

Haseloff: Unsere Auffassungen liegen wirklich nicht zu weit auseinander. Der Sprachgebrauch folgt aus den Lebenszusammenhängen. Die Sprache ist deshalb so vielseitig verwendbar, weil sie aus den komplexen Lebenszusammenhängen hervorgeht und sie widerspiegelt. Dabei hat sie genau den Differenzierungsgrad, der nach den Umständen erforderlich ist; keinen höheren. Ich meine aber, daß dort weiter differenziert werden muß, wo neue Handlungsmöglichkeiten sich abzeichnen.
Bestimmte Wörter sind nicht nur vage, sondern enthalten in ihrer Vagheit eine bestimmte Tendenz, die sehr folgenreich ist. Das deutsche Wort »Entwicklung«: Wir wissen, daß das deutsche Wort »Entwicklung« schon ein unheimliches Modell enthält, nämlich das Modell des »Im Prinzip-fertig-Seins« und der Dynamik nach außen. Dieses Modell trifft in hervorragender Weise auf die Mentalität bestimmter konservativer Denker zu. Es impliziert ein bestimmtes Menschenbild. Die Verwendung dieses Wortes begünstigt ganz bestimmte gesellschaftliche Gruppen, nämlich die, die eine ganz bestimmte Auffassung vom Menschen haben. Eine solche Wortverwendung kann durchaus forschungshemmend wirken.
Auf der anderen Seite gebe ich völlig zu, daß Präzisierung auch konflikterzeugend sein kann, daß wir überhaupt nur ein bestimmtes Maß an Präzisierung aushalten. Es gibt eine Grenze für ertragbare Komplizierung.

v. Ditfurth: Erlauben Sie mir, ganz zum Schluß noch eine Todsünde zu begehen, indem ich mir selbst das Wort erteile. Ich tue es deswegen, weil ein Aspekt gar nicht aufgegriffen worden ist: Ich kann nicht die Hoffnung teilen – obgleich ich so gern optimistisch wäre –, daß die Informationstheorie und ihre Automaten den Menschen helfen könnten, sich gegenseitig besser zu verstehen, indem die Begriffe in ihrer Bedeutung geklärt werden. Worte wie »Demokratie« oder »Frieden« sind an sich präzise Begriffe, auch in konträren politischen Systemen – sie werden nur jeweils anders ausgelegt. Ich glaube nicht, daß die hier im politischen Raum festzustellenden »Mißverständnisse« eine Folge davon sind, daß diese Begriffe vage oder schwer zu verstehen seien, sondern daß sie daraus resultieren, daß gar nicht die Absicht besteht, die Bedeutung, die der andere, der Kontrahent, jeweils unterlegt, zur Kenntnis zu nehmen. Da aber kann uns ein Automat auch nicht weiterhelfen.

Karl Steinbuch

Technische Modelle biologischer Vorgänge

Das Thema »Technische Modelle biologischer Vorgänge« soll hier von zwei verschiedenen Seiten her betrachtet werden:
Zuerst soll untersucht werden, weshalb wir beim Denken und der Weitergabe von Wissen Gebrauch von Modellen machen und nicht – wie eigentlich näherliegen müßte – ausschließlich über die Originale nachdenken und reden. Bei der Untersuchung dieser Frage kommt man meines Erachtens zu der Einsicht, daß die Verwendung von Modellen eine ziemlich unvermeidbare Methode ist, um mit einem beschränkten Bewußtseinsumfang hochkomplexe Sachverhalte erfassen zu können. Nach dieser methodologischen Betrachtung sollen einige spezielle Modelle, welche zum Verständnis biologischer Vorgänge besondere Bedeutung erlangt haben, kurz dargestellt werden: Der Regelkreis, das Reafferenzprinzip und die laterale Inhibition. Diese drei Modelle seien stellvertretend genannt für eine beinahe unübersehbare Menge technischer Modelle, die mit mehr oder weniger großem Erfolg in den letzten Jahren entworfen wurden.

1. Das Modell als Hilfsmittel zur Verbesserung der Denkökonomie

Modelle unterscheiden sich in irgendwelchen Merkmalen von ihren Originalen – sonst wären sie nicht deren *Modelle,* aber sie haben auch manches mit ihnen gemeinsam – sonst wären sie nicht *deren* Modelle. Weshalb bevorzugt das menschliche Gehirn Modelle gegenüber den Originalen? Diese Methode kann meines Erachtens so begründet werden: Die Anwendung von Modellen ist meist *ökonomischer* als die Anwendung der Originale oder deren informationeller Kopien. Um dieses zu verstehen, muß auf einen Sachverhalt hingewiesen werden, der erst im Zusammenhang mit der Kybernetik so recht verständlich wurde, nämlich: Das menschliche Gehirn, das menschliche Bewußtsein, das menschliche Gedächtnis, sie alle sind quantitativ beschränkt, und zwar stärker beschränkt, als häufig eingesehen wird. Es ist also nicht so, daß jeder beliebig komplizierte Sachverhalt, sofern er nur ausreichend erklärt wird, auch verstanden werden kann, es ist vielmehr so, daß alle Sachverhalte, deren Komplexität ein gewisses Maß überschreitet, vom menschlichen Bewußtsein nicht mehr erfaßt werden können. Die Benutzung vereinfachender Denkmodelle, die in simplifizierender Weise ein partielles Verständnis ermöglichen, ist ein notwendiger methodischer Trick des menschlichen Denksystems, um mit Sachverhalten fertigzuwerden, die seine Kapazität eigentlich überschreiten.

Zu diesem kommt noch ein zweiter Gesichtspunkt: Wenn das Bewußtsein über einen bestimmten Vorrat an Denkmodellen verfügt, so versucht es, auch neu aufkommende Erfahrungen mit Hilfe dieser schon verfügbaren Denkmodelle zu verstehen. Typisch hierfür scheint die Verarbeitung der neu aufkommenden Erfahrungen mit der Elektrizität im neunzehnten Jahrhundert: Man versuchte zunächst, sie auf mechanische Denkmodelle zurückzuführen, ja, es wurde sogar postuliert, jedes Verstehen physikalischer Vorgänge bestünde letztendlich in ihrer Zurückführung auf mechanische Denkmodelle. Diese Situation hat sich zwischenzeitlich gründlich verändert: Sehr viele Wissenschaftler bemühen sich heutzutage, physikalische Phänomene auf *elektrische* Denkmodelle zurückzuführen und meinen, das elektrische Ersatzschaltbild eines Vorganges sei die perfekteste Art, einen Vorgang verständlich zu machen. Auch die Anwendung der Analogcomputer zielt in diese Richtung. Für die Kybernetik ist charakteristisch, daß Denkmodelle, welche in der Technik entstanden waren, zum Beispiel der Regelkreis oder der Übertragungskanal, im nichttechnischen Bereich benutzt werden.

Ein System ist eine Menge von Elementen (Begriffe, Sachverhalte usw.), welche in gegenseitiger Einwirkung stehen und gedanklich abgegrenzt werden. Diese Abgrenzung ist ausschließlich durch die Unzulänglichkeiten unseres Denkens begründet: Unbegrenzte Systeme sind unvorstellbar, unfaßbar. Wenn wir in der realen Wirklichkeit Systemanalyse betreiben wollen, dann müssen wir die Einflüsse der vorher gedanklich ausgeschlossenen Umwelt meist nachträglich als Korrekturen wieder einführen.

Modelle sind also *vereinfachende* Repräsentanten der Realität – sonst bewirken sie keine Verbesserung der Denkökonomie und ihre Benutzung ist normalerweise nicht begründbar. Die unvermeidbare Vereinfachung, welche Denkmodelle stets enthalten, kann *immer* aus irgendeiner Betrachtungsrichtung als »Simplifikation« abgewertet werden. Es ist deshalb kein *grundsätzlich* vernichtendes Argument, wenn festgestellt wird, ein

Denkmodell stelle eine Simplifikation dar. Die entscheidende Frage ist ausschließlich, ob die Benutzung eines Denkmodells bei der Behandlung eines Problemtyps weiterführt. Es ist auch möglich, daß ein und dasselbe Denkmodell bei der Lösung unterschiedlicher Probleme einmal nützlich und einmal unbrauchbar ist.

Damit erweist sich die Anwendung eines Denkmodells als bestimmt durch drei recht verschiedene Aspekte:

Erstens die Realität, die das Modell abbilden soll,

zweitens das Bewußtsein, insbesondere dessen Vorrat an verfügbaren Modellen, und

drittens das Problem, zu dessen Lösung das Modell benutzt wird.

Die bisherigen Überlegungen könnten zu dem Vorurteil führen, ein Denkmodell unterscheide sich von der Realität nur durch den *Verzicht* auf irrelevante Informationen. Eine genauere Betrachtung zeigt jedoch, daß Denkmodelle möglicherweise auch *zusätzliche* Informationen enthalten können. Um dieses zu verstehen, betrachten wir die Vorgehensweise eines beobachtenden oder experimentierenden Naturwissenschaftlers. Zuerst wird er nichts anderes tun, als seine Beobachtungen in Form von Protokollsätzen zu fixieren. Diese Protokollsätze sind aber kein geeignetes Vehikel zur Aufbewahrung oder Kommunikation seiner Beobachtungen, er sucht nach Darstellungsweisen, die seine Beobachtungen in höherer Konzentration darstellen. Hat er beispielsweise eine Zahlenreihe, so wird er versuchen, diese durch eine mathematische Formel so darzustellen, daß die Abweichung vom Protokoll möglichst klein wird. Soweit stellt sein Vorgehen eine Informationsreduktion dar.

In allen typischen Fällen wird der Wissenschaftler die erhaltene Formel aber nicht unkritisch verwenden und weitergeben, sondern gewisse Zusatzüberlegungen einbauen, beispielsweise der Art: Widerspricht die erhaltene Formel irgendwelchen allgemein anerkannten wissenschaftlichen Prinzipien? — beispielsweise dem, daß die Wirkung nicht vor der Ursache erscheinen darf, oder dem, daß die Energie oder die Masse erhalten bleiben usw. Stellt der Wissenschaftler fest, daß seine formelmäßig komprimierten Beobachtungsergebnisse solchen allgemein anerkannten Prinzipien zum Beispiel der Logik oder Physik widersprechen, so wird er diese entweder verwerfen oder so lange überprüfen und modifizieren, bis dieser Widerspruch beseitigt ist. Dieses Vorgehen führt damit zu einem Modell des Beobachteten, das außer den reduzierten Informationen von der Realität auch noch informationelle Zutaten enthält. Dieses Vorgehen zeigt, daß eine wesentliche Komponente bei der Entstehung rationaler Modelle das rekursive Vorgehen ist, also ein Vorgehen, das sich immer wieder an den Informationen über die Realität orientiert.

Wenn so festgestellt wurde, daß der Unterschied zwischen Realität und Modell nicht nur in einer Informationsreduktion besteht, sondern auch in einer informationellen Zutat, so ist einleuchtend, daß diese informationelle Zutat Denkmodelle effizient oder ineffizient machen kann. Denkmodelle, welche informationelle Zutaten enthalten, welche im Rahmen der bestehenden Problemlage ungeeignet sind, bewirken Ineffizienz des Denkens.

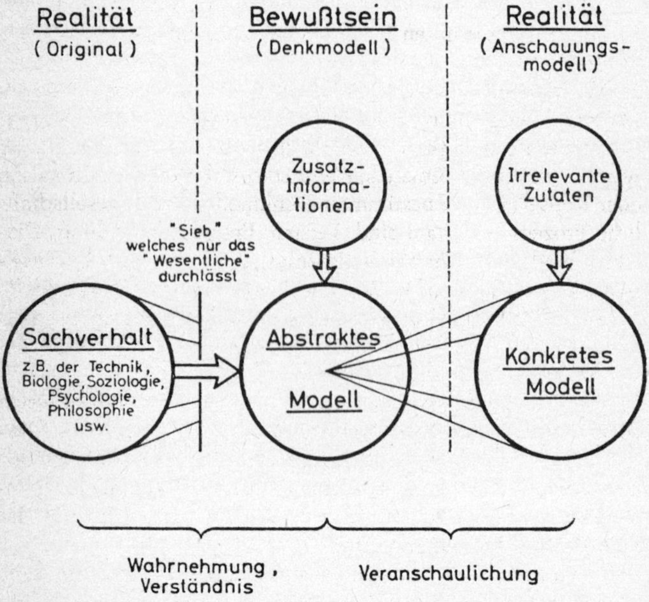

1) Original, Denkmodell und Anschauungsmodell

In Bild 1 sind diese Überlegungen vereint. Irgendein komplexer Sachverhalt der Realität, zum Beispiel der Technik, Biologie, Soziologie, Psychologie, Philosophie – kurzum: ein Original –

wird durch Vermittlung der Wahrnehmung und/oder des Verstandes in ein abstraktes Modell, ein Denkmodell abgebildet, in dem nur das »Wesentliche« benutzt wird, das im gegebenen Zusammenhang Relevante. Diesem werden hierzu gewisse, als selbstverständlich angesehene Informationen, zum Beispiel allgemein anerkannte Gesetze der Logik oder Physik, hinzugefügt. Es steht damit dem Bewußtsein ein Denkmodell für zukünftige Denkprozesse zur Verfügung. Dieses abstrakte Modell, dieses Denkmodell kann zwecks Veranschaulichung in die Realität zurückprojiziert werden durch den Bau eines konkreten Anschauungsmodells oder auch durch künstlerische Darstellung. Diese enthalten aber unvermeidbar wieder irrelevantes Beiwerk, also solches, das das darzustellende Denkmodell nicht enthält.

Vermutlich gibt es kein Denkmodell, das alle denkbaren Denkmodelle in sich aufzunehmen gestattet, gewissermaßen das »Modell der Modelle«. Es gibt aber *ein* Modell, welches alle kybernetisch interessanten Denkmodelle zusammenfaßt: Das Modell des »abstrakten Automaten«.

Die bisherigen Überlegungen könnten zu dem Irrtum verführen, die Entstehung oder der Besitz bestimmter Denkmodelle sei ein privater Sachverhalt. Tatsächlich muß aber wohl unterstellt werden, daß beim Entstehen ebenso wie bei der Modifikation oder Konservierung bestimmter Denkmodelle auch gesellschaftliche Prozesse wirksam sind. Lernen, Erziehung, Bildung, Dialektik sind gesellschaftliche Prozesse, deren wesentliche Funktion die Entstehung oder Modifikation bestimmter Denkmodelle ist. Das gesellschaftliche Verhalten, vor allem die Kommunikation, setzt ein hohes Maß an Übereinstimmung der benutzten Denkmodelle voraus. Wenn gesagt wird, die Übertragung von Informationen von einem Sender zu einem Empfänger setze einen gemeinsamen Zeichenvorrat voraus, so kann dieses Prinzip auch so formuliert werden: Informationsaustausch bezüglich komplexer Sachverhalte setzt einen Vorrat gemeinsamer Denkmodelle voraus. Wo keine solche Gemeinsamkeit besteht, ist Kommunikation nicht möglich.

Die bisherigen Überlegungen betrachteten Denkmodelle in ihrer isolierten Existenz. Tatsächlich muß man aber Systeme, insbesondere Hierarchien von Denkmodellen betrachten. Beispielsweise: Bestimmte Denkmodelle bilden Atomteile ab, andere Modelle bilden Atome ab, wieder andere Moleküle und Makromoleküle, Molekülverbände, Zellen, Organismen usw. Hierbei muß das Modell der übergeordneten Struktur zum Modell der untergeordneten Struktur passen, es müssen Kohärenzbedingungen erfüllt sein.

Diese Forderung nach Kohärenz, also innerer Widerspruchsfreiheit der benutzten Denkmodelle besteht auf allen Gebieten. Sie entspringt nicht nur ästhetischen Bedürfnissen sondern auch dem Gesichtspunkt der Denkökonomie. Wenig befriedigend ist es, wenn der Erfahrungsbereich in Schichten aufgeteilt wird und diesen Schichten unterschiedliche Gesetzlichkeiten zugebilligt werden.

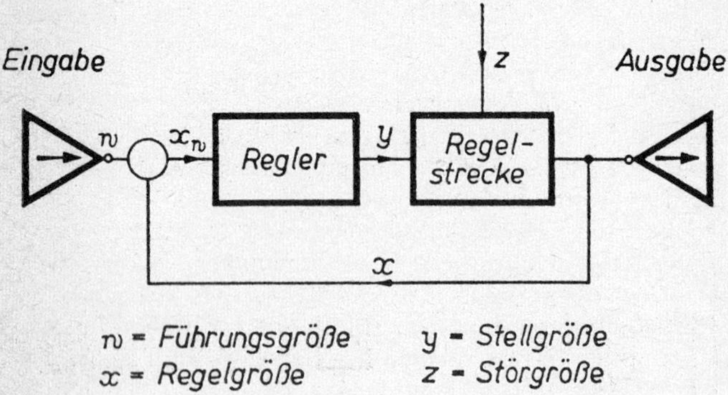

2) Regelkreis

2. Einige prinzipielle Modelle

Bild 2 zeigt einen Regelkreis. Hier soll eine Regelgröße X durch eine Führungsgröße W so beeinflußt werden, daß trotz des unbekannten Einflusses der Störgröße Z die Differenz zwischen W und X, die sogenannte Regelabweichung, möglichst klein bleibt. Eine technische Realisierung kann beispielsweise durch eine Temperaturregelung gegeben sein. In diesem Falle entspricht die Regelgröße X der zu regelnden Raumtemperatur, die Führungsgröße W der Solltemperatur, die an irgendeiner Skala eingestellt wird, und die Störgröße Z den variablen, unbekannten Außentemperaturen. Dieses Denkmodell Regelkreis kann aber auch durch ganz andere technische Anordnungen realisiert sein, beispielsweise durch eine Lautstärkeregelung in einem Rundfunkempfänger oder durch die Drehzahlregelung einer Dampfmaschine.

Dasselbe Denkmodell Regelkreis findet sich aber neuerdings

auch im biologischen Bereich. Man weiß zum Beispiel seit den Arbeiten des Physiologen *R. Wagner*, daß die Anpassung der Skelettmuskelkraft an die Umweltbedingungen als ein Regelvorgang beschrieben werden kann und dadurch eine wesentliche Vertiefung des Verständnisses, auch in quantitativer Hinsicht, bewirkt wird. Andere Beispiele organischer Regelvorgänge sind die Regelung der Körperhaltung, bei der eine Gleichgewichtslage trotz äußerer Störungen durch Muskelbetätigung eingestellt

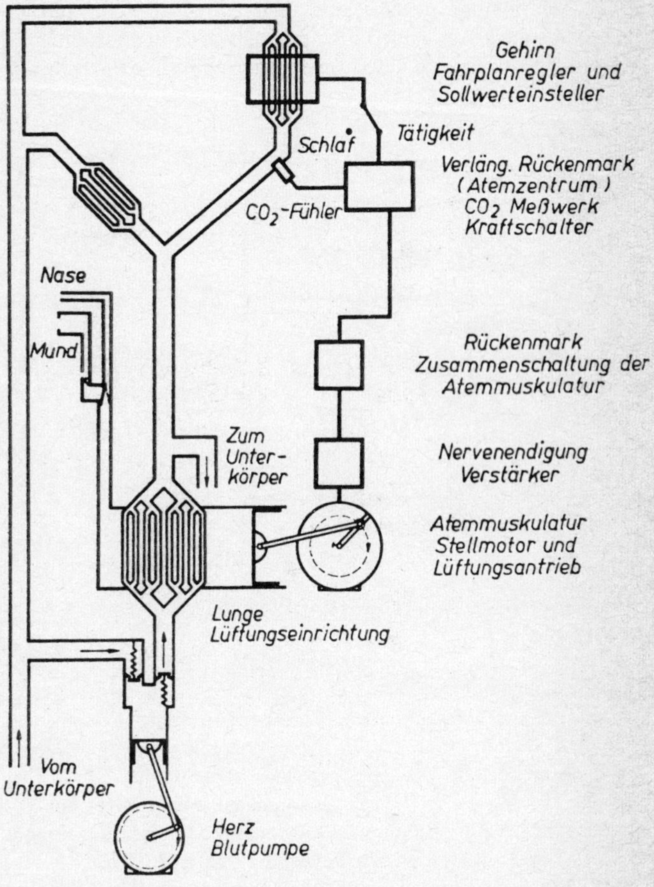

3) Schema zur Atmungsregelung nach O. F. Ranke

wird; oder die Regelung der Körpertemperatur, bei der eine bestimmte Solltemperatur eingehalten wird, beispielsweise durch Schweißabsonderung oder Muskelzittern; weiter die Bereichseinstellung der Sinnesorgane, wo trotz wechselnder Reizintensität, zum Beispiel Helligkeit, die Sinnesorgane im Bereich bester Sinnesleistung wirken.

Bild 3 zeigt eine der frühesten Darstellungen eines biologischen Regelkreises, nämlich die Atmungsregelung nach einem Entwurf des Physiologen *O. F. Ranke* aus den dreißiger Jahren.

Es scheint mir eine interessante Feststellung zu sein, daß ein Regelkreis geeignet ist, bei einem teilweise indeterminierten System ein weitgehend determiniertes Ergebnis herbeizuführen.

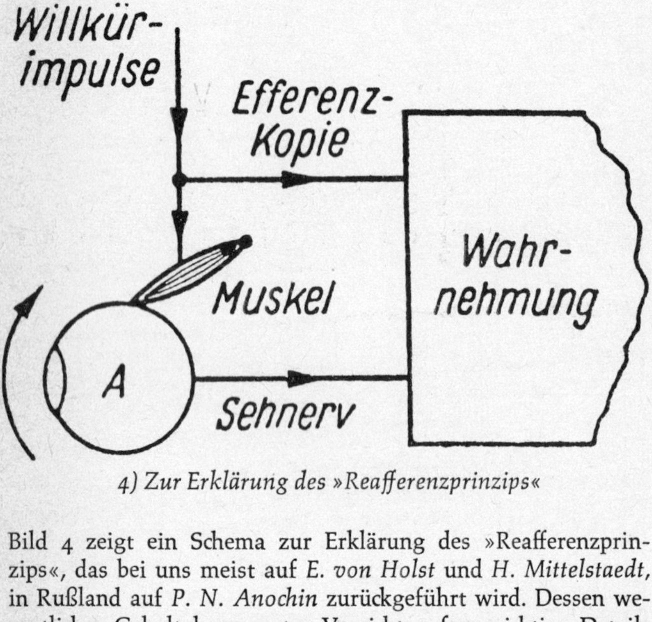

4) Zur Erklärung des »Reafferenzprinzips«

Bild 4 zeigt ein Schema zur Erklärung des »Reafferenzprinzips«, das bei uns meist auf *E. von Holst* und *H. Mittelstaedt*, in Rußland auf *P. N. Anochin* zurückgeführt wird. Dessen wesentlicher Gehalt kann unter Verzicht auf unwichtige Details etwa so dargestellt werden: Auf der Netzhaut des Auges (A) entsteht ein bewegtes Bild eines Objektes, wenn entweder das Objekt sich bewegt und das Auge stillsteht, oder aber das Objekt stillsteht und das Auge sich bewegt. Trotz gleichartiger Netzhautreizung wird bewußt wahrgenommen, im ersten Fall »bewegtes Objekt« und im zweiten Fall »ruhendes Objekt«. Diese

Leistung des Wahrnehmungsapparates kann so erklärt werden, daß mit den die Augen- und Körperbewegungen verursachenden Impulsen eine Mitteilung, eine »Efferenzkopie« an den Wahrnehmungsapparat gegeben wird, welche die Lokalisierung der vom Auge ausgehenden optischen Signale gewissermaßen korrigiert. Für die Ausführung dieser Korrektur kann man zwar technische Entwürfe angeben, es ist aber meines Wissens noch unbekannt, wie sie im Organismus tatsächlich realisiert ist.

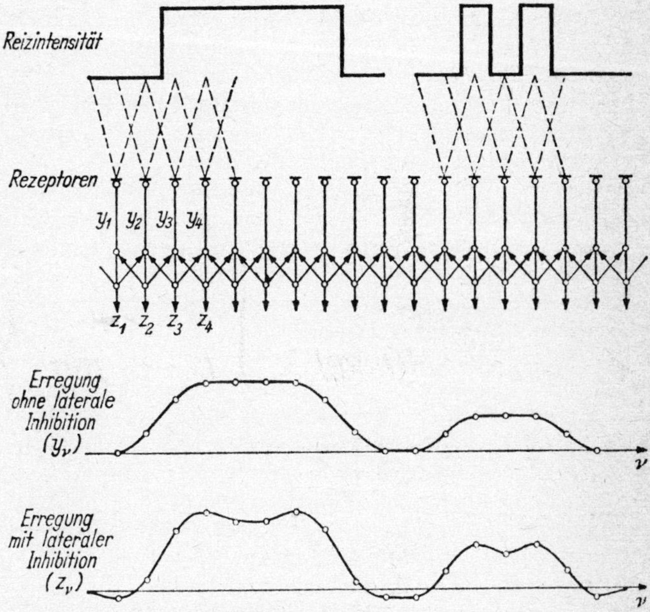

5) Laterale Inhibition (Rückwärtsinhibition)

Bild 5 zeigt ein Schema zur Erklärung der »Lateralen Inhibition«. Diese wurde einerseits von *H. K. Hartline* et al. und andererseits von *W. Reichardt* und Mitarbeitern am Facettenauge *(Limulus)* niederer Tiere untersucht. Auf die (als linear angenommene) Anordnung von Rezeptoren treffen örtlich unterschiedlich starke Reize, zum Beispiel Licht. Die einzelnen Rezeptoren mögen einen so großen Einzugsbereich haben, daß diese sich gegenseitig überlappen. Die Folge ist, daß sich in den Erregungen der Rezeptoren y_v (gegeben durch die Häufigkeit der Nervenimpulse) das Muster der Reizintensität nur sehr verschleift abbildet. Die laterale Inhibition besteht nun darin, daß jede der den Rezeptoren nachgeschalteten Nervenzellen die Erregung ihrer Nachbarzellen verringert, »inhibiert«. Die danach sich einstellenden Erregungen z_v bilden das ursprüngliche Muster der Reizintensitäten differenzierter ab als ohne laterale Inhibition, vor allem werden die Konturen geschärft. Nebeneinanderliegende Details, die *ohne* laterale Inhibition nicht mehr als getrennt signalisiert werden können sondern verfließen, werden *mit* ihr wieder aufgelöst. Dieses Prinzip könnte manche beobachteten Vorgänge erklären. Beispielsweise die Erfahrung, daß an einer sichtbaren Hell-Dunkel-Grenze der Rand des Dunklen dunkler, der Rand des Hellen heller als abseits des Randes erscheint. Derartige neuronale Strukturen wurden an Organismen durch direkte Beobachtung schon nachgewiesen.

Aus den hier kurz dargestellten Modellen, also Regelkreis, Reafferenzprinzip und laterale Inhibition, gibt es noch sehr viele andere. Erwähnt seien vor allem Versuche, die Funktion von Nervenzellen durch technische Modelle nachzubilden. Es ist jedoch in diesem knappen Rahmen nicht möglich, hierüber eine befriedigende Darstellung zu geben.

Es sei jedoch ausdrücklich darauf hingewiesen, daß beim Entwurf solcher Modelle für biologische Vorgänge ganz unterschiedliche Absichten vorliegen können. Beispielsweise gibt es Modelle, welche »nicht mehr« leisten sollen, als eine beobachtete *Funktion* näherungsweise zu kopieren, ohne Anspruch auf strukturelle Identität. Andere Modelle beanspruchen nicht nur die funktionelle Ähnlichkeit sondern auch die Ähnlichkeit der informationellen *Struktur*. Eine noch weitergehende Modellqualität könnte außer der Ähnlichkeit der Funktion und der informationellen Struktur auch noch Ähnlichkeit des *stofflichen Aufbaus* anstreben. Aber damit wird der Bereich dessen verlassen, was als »Technisches Modell« bezeichnet wird, und man betritt den Bereich, der als Synthese organischer Substanz bis hin zum fiktiven *Homunculus* verstanden wird. Dieser Bereich steht aber hier und jetzt nicht zur Diskussion.

Abschließend sei darauf hingewiesen, daß zwischen Modellen und Sprachen (im allgemeinsten Sinn) eine interessante Verwandtschaft besteht. Diese wird besonders deutlich im Zusammenhang mit der Simulationstechnik: Wenn irgendein technisches oder biologisches System auf einem Computer simuliert wird, dann stellt das Simulationsprogramm ein gewisses Äquivalent des simulierten Systems dar. Hieraus darf aber keinesfalls geschlossen werden, Modell und sprachlich formulierbare Darstellung seien gleichwertig; es bestehen hier recht eigenartige, prinzipiell interessante Unterschiede, auf die im Rahmen dieser knappen Darstellung nicht eingegangen werden kann.

Aschoff: Vielen Dank, Herr *Steinbuch.* Ich möchte davor warnen, nachdem wir bereits heute vormittag über Sprache gesprochen haben, auf das zuletzt von Ihnen Angesprochene einzugehen.

v. Randow: Sie sprachen vom »abstrakten Automaten«. Können Sie etwas näher beschreiben, was Sie damit meinen?

Steinbuch: Mangels einer Wandtafel kann ich nur versuchen, es verbal zu skizzieren. Der abstrakte Automat ist ein mathematisches Denkmodell. Es wird im allgemeinen digital erklärt. Aber das ist nicht zwangsläufig so. Es gibt auch die Theorie der Verhaltensvariablen, die dasselbe Modell für nichtdigitale Automaten ermöglicht. Wir wollen uns aber auf die digitalen beschränken. Hier können wir sagen, die Theorie der »abstrakten Automaten« beschäftigt sich zunächst mit einer *black box.* Von dieser *black box* beobachtet man drei Sachverhalte. Man macht gewissermaßen von der *black box* eine Momentanfotografie. Dabei sieht man am Eingang eine Anzahl von Signalen, die in die *black box* hineingehen. Und gleichzeitig sieht man eine Anzahl von Signalen, die herauskommen. Die Theorie der abstrakten Automaten unterstellt nun, daß man auch die inneren Zustände mitfotografieren kann, zum Beispiel indem man für alle Speicher Anzeigelämpchen herausführt.
Die Theorie der »abstrakten Automaten« beschäftigt sich etwa mit folgendem: Wenn ich zu einem bestimmten Zeitpunkt die Eingangssignale habe und die inneren Zustände kenne, so ermöglicht das eine Beschreibung, wie sich die inneren Zustände verändern und wie sich daraus zuletzt die Ausgangssignale ergeben. Diese Beschreibung ist so formal, daß man sehr viele unterschiedliche Sachverhalte adäquat einführen kann. Wenn wir zum Beispiel das Verhalten eines Tieres in einem verhaltensphysiologischen Experiment darstellen wollen, scheint es

mir höchst förderlich zu sein, von der Theorie der abstrakten Automaten auszugehen, wobei natürlich die inneren Zustände beschrieben werden müssen in Termini, die durch eine vorherige Konditionierung oder Erfahrung gegeben sein sollen.

Grassmann: Ich möchte darauf hinweisen, daß unter das Thema dieses Vortrages noch ein weites Gebiet gehört, das nicht behandelt wurde, was verständlich ist aus der fachlichen Richtung des Vortragenden heraus und aus der Tatsache, daß wir über Kybernetik sprechen. Ich meine alle diejenigen technischen Modelle, die man verwenden kann, um zum Beispiel Stoffübertragungen und Energieübertragungen darzustellen. Ich muß sagen, der erste Teil Ihres Vortrages paßt dafür wunderbar. Sie hätten genausogut das, was ich jetzt im Blick habe, anhängen können; denn das Wesen der Modelle ist hier genauso zu deuten wie dort.
Was ich meine, erläutere ich am besten mit einem Beispiel. Wir können uns zum Beispiel fragen: Was hat die Lunge für eine Aufgabe? Das ist klar: Absorption des Sauerstoffs und Ausscheidung des CO_2. Wir können weiterfragen: Wie würden wir als Ingenieure dieses Problem lösen? Man kommt dabei zu eigenartigen Fragestellungen. Analog zu Bild 2, das den Aufbau des Reglerkreises wiedergibt, könnte die Lunge als Gegenstrom-Apparat aufgefaßt werden. So würden wir technisch die Lunge verwirklichen. An der einen Seite würde das Blut hineinströmen, auf der anderen heraus. Das ist bei der Lunge nur hinsichtlich des Blutes verwirklicht. Wir würden es aber als Techniker mit der Luft ebenso machen. Hier erhebt sich die Frage: Warum ist das im Tierreich eigentlich anders? Hier zeigen sich die verschiedenen Betrachtungsweisen des Biologen und des Ingenieurs. Der Ingenieur denkt: was ist zweckmäßig? Wenn man den Biologen fragt: warum ist es bei den Menschen so, dann geht er auf die Stammesgeschichte zurück und sagt: da war ursprünglich die Schwimmblase des Fisches, sie hatte eben nur einen Ausgang.
Als Ingenieur würde man das Problem ferner lösen, indem man die beiden Medien Luft und Blut direkt miteinander in Berührung bringt. Bei der Lunge sind sie durch Membranen voneinander getrennt. Wenn ich eine Herz-Lungen-Maschine bauen will, brauche ich das nicht mehr so zu machen. Da kann ich beide Medien direkt in Berührung bringen. Das ist bei modernen Herz-Lungen-Maschinen tatsächlich so, nachdem man ge-

lernt hat, die Schwierigkeiten der Schaumbildung weitgehend zu unterdrücken.
Gleich eine weitere Frage: Warum macht sich eigentlich der menschliche Körper die Arbeit, den Sauerstoff über das Blut an die Organe und an das Gewebe zu bringen? Warum führt er die Luft nicht direkt an diese Stellen heran? Ein Liter Blut transportiert größenordnungsmäßig die gleiche Menge ausnützbaren Sauerstoffs wie ein Liter Luft. Nun ist bei einer großen Tierklasse, nämlich bei den Insekten, die direkte Zuführung weitgehend verwirklicht. Sie haben ein sehr gut ausgebautes Tracheensystem — aber sie haben einen primitiven Blutkreislauf.

Man kommt hier zu sehr vielen neuen Fragestellungen. Und der Zweck einer Grundlagenforschung ist, sich Fragen zu stellen. Es ist dann natürlich auch interessant — wenn man zum Beispiel künstliche Organe baut —, nicht mehr die Natur um jeden Preis nachzuahmen, sondern sich allgemein zu fragen: was muß das Organ leisten, wie kann man es technisch realisieren. Da ist der in der Biologie übliche Lösungsweg durchaus nicht immer der beste. Denken Sie zum Beispiel an das Fliegen; das moderne Flugzeug flattert nicht durch die Luft.
Dieses Modellverfahren bringt auch Vorteile, um biologisch schwierige Sachverhalte zu klären. Es ist erfreulich, daß die technischen Modelle und die technischen Apparate wohltuend einfach sind und ganz — »ganz« mit Einschränkung — verstanden werden können. Es ist erfreulich, daß in der modernen Biologie häufig nach so einfachen Modellen gearbeitet wird. Man hat den Eindruck, man verstehe ein biologisches oder medizinisches Buch um so besser, je moderner es ist, denn um so mehr sind diese sauberen, mathematischen Methoden darin verwirklicht.

Steinbuch: Ich teile Ihre Ansicht. Die Natur hat im Laufe der Entwicklungsgeschichte innerhalb der ihr gebotenen Möglichkeiten eine unglaublich hohe Perfektion erreicht. Aber es gibt Konstruktionsprinzipien, die sie nicht verwirklichen kann, zum Beispiel die drehende Welle. Infolge des Aufbaus der Organismen aus Zellen sind von vornherein Einschränkungen gegeben, die der Optimierung entgegenstehen.

Mittelstaedt: Das gilt für die Technik natürlich genauso. Was wir als optimal bezeichnen, bedeutet nichts anderes als: optimal für den gegenwärtigen Stand der Werkzeuge, den wir erreicht haben.

Steinbuch: Ich bin durchaus Ihrer Ansicht, Herr *Mittelstaedt*. Die bisherige Technik ist optimiert angesichts einer bestimmten äußeren Gegebenheit. Sobald die äußeren Gegebenheiten sich verändern, verändern sich auch die optimalen Lösungen. Was wir heute früh im Zusammenhang mit Sprachoptimierung diskutiert haben, erscheint in variierter Form wiederum. Nur in einer bestimmten Umgebung mit vorgegebenen Wertsystemen kann man optimieren, wenigstens theoretisch.

Frey: Sie haben im allgemeinen kybernetische Modelle gebraucht, also Modelle, die im wesentlichen auf dem Prinzip der Nachrichtenübermittlung beruhen.

Steinbuch: Der informationellen Struktur!

Frey: Es sind aber zweifellos nicht alle, auch nicht alle technischen Modelle – wie Herr *Grassmann* sagte – informationeller Struktur. Sie haben die Theorie abstrakter Automaten gebraucht. Aber es geht nicht nur darum, daß wir eine Theorie abstrakter Automaten haben, sondern darum, daß wir überhaupt eine Theorie informationeller Strukturen, eine abstrakte Kybernetik entwickeln können, in der es nur um rein formale Strukturen geht – wobei ich schon gewisse Bedenken habe, hier bereits das Wort »Kybernetik« zu gebrauchen. Eigentlich möchte man eine Theorie abstrakter Strukturen haben, genauer abstrakter Wirkungsstrukturen. Denn wenn wir verschiedene Naturvorgänge betrachten, können sie ganz verschieden, formal jedoch ähnlich sein. Ich selbst habe einmal gezeigt, daß das System des sogenannten Fließgleichgewichtes, wie es zuerst *Bertalanffy* als Denkmodell entworfen hat, unter bestimmten Voraussetzungen formal genau abgebildet werden kann auf ein Regelkreissystem. Wesentlich erscheint mir, daß das System eines Fließgleichgewichtes im Grunde eine vollständig andere Realisierung hat als ein informationelles System. Es gibt also Modellstrukturen, die unter gewissen formalen Gesichtspunkten selbst wieder aufeinander abbildbar sind, die also selbst Modelle voneinander sein können, die aber ganz verschiedener Natur sind.

Zemanek: Faßt man den abstrakten Automaten von Herrn *Steinbuch* so auf, daß er einen Zustand auf abstrakte Weise festhält und dann eine Umwandlungsfunktion dazu beschreibt, die die Änderung der Zustände kontrolliert, dann ist er so allgemein aufgefaßt, daß all das, was Sie jetzt beschreiben, durchaus auch darunter fällt.

Frey: Kann dann ein solcher Apparat als Modell eines Fließgleichgewichtsvorganges angesehen werden?

Zemanek: Warum nicht? Der Sinn der abstrakten Maschine – und deshalb heißt sie abstrakt – liegt darin, daß sie die gleiche Struktur auf verschiedene Weisen realisiert.

Frey: Wenn Sie das so definieren wollen, habe ich nichts dagegen.

v. Randow: Ist diese abstrakte Maschine, dieser abstrakte Apparat nicht einfach zurückführbar auf eine TURING-Maschine, auf eine normale TURING-Maschine oder auf eine Kombination von TURING-Maschinen?

Zemanek: Zwar kann man jede abstrakte Maschine auf eine TURING-Maschine zurückführen, aber auch das Umgekehrte ist möglich und hier das Interessante. TURING war der typische Mathematiker, abstrakt und unpraktisch. Die TURING-Maschine braucht für eine einfache Addition der Klasse $3 + 2 = 5$ nicht weniger als 35 Schritte. Für die prinzipiellen Antworten, auf die es TURING ankam, ist das belanglos. Dem Ingenieur geht es um die wirtschaftliche Anwendung – und die abstrakte Maschine kann mehr als eine prinzipielle Antwort geben, sie vermag auch gewisse Ingenieurvorstellungen abzubilden.

Steinbuch: Der abstrakte Automat ist wohl eine etwas weitere Jacke als die TURING-Maschine.

v. Ditfurth: Ich möchte noch einmal auf die Frage der Optimierung in Technik und Natur zurückkommen. Sie sagten, Herr *Steinbuch,* es sei ein Ausdruck mangelhafter Optimierung im biologischen Bereich, daß die Radwelle in der Natur nicht erfunden worden sei. Dem möchte ich widersprechen. Denn mit lebendem, organischem Material, das ja versorgt werden muß,

könnte eine Welle, die sich in einem Lager lose drehen muß, gar nicht aufgebaut werden. Aber mehr noch: Das Rad wäre in der nicht zivilisierten Natur überhaupt keine technisch brauchbare Lösung. In einer völlig natürlichen Landschaft ohne Wege und Straßen sind vier Beine unendlich viel »optimaler« als ein Rad. Ich finde es bezeichnend, was man jetzt bei der sogenannten »Mondfähre« wiederfindet, die doch technisch außerordentlich hoch entwickelt ist: daß sie sich auf Spinnenbeinen bewegt. Man hütet sich, ein Rad daranzubauen, weil man nicht weiß, wo das eventuell hängen bleiben könnte!
Auch im Falle der Lunge, von der Herr *Grassmann* gesprochen hat, scheinen mir Technik und Natur nicht so weit voneinander getrennt, wie oft vorausgesetzt wird: Die Lunge, bei der das Problem der Luftzufuhr so »unpraktisch« gelöst worden ist, ist in ihrer heutigen anatomischen Form unter anderem das Ergebnis davon, daß hier die Art von ihrem Artgedächtnis nicht loskommt – der Lunge liegt immer auch noch der Bauplan der Schwimmblase zugrunde, aus der sie entwicklungsgeschichtlich entstanden ist. Auch das aber ist in der Technik wohl nicht grundsätzlich anders. Da wirkt als »Tradition« stiftender Faktor nicht das Gedächtnis der Art, sondern einfach die Trägheit, die Phantasielosigkeit und die Gewohnheit des Konstrukteurs. Man braucht sich nur die Entwicklung von der Pferdekutsche zum Auto anzusehen, um festzustellen, wie lange es gedauert hat, bis man hier optimieren konnte und vom Bauplan der Kutsche wegkam. Und darum fand ich es so nett, daß das Volkswagenwerk einmal mit der Frage geworben hat: »Warum haben eigentlich alle Autos den Motor vorn? Weil bei der Kutsche die Pferde auch vorn waren?«

Zemanek: Dem Ingenieur ist der Vorwurf gemacht worden, er habe zuwenig Phantasie. Ich will mich gegen den Vorwurf gar nicht verteidigen. Ich stelle mir vor, daß ich einen sehr phantasievollen Ingenieur angestellt habe. Er kommt mir aber sehr teuer. Der weniger phantasievolle, der auf der Linie der Entwicklung weiterarbeitet, ist jedenfalls ökonomischer.

Steinbuch: Da haben Sie punktuell vollkommen recht. Ich stelle mir aber zwei Betriebe vor: Der eine ist ganz ohne phantasievolle Ingenieure; der andere hat nur phantasievolle Ingenieure. Ich vermute, daß der Betrieb mit nur phantasievollen Ingenieuren auf die Dauer besser fahren wird. Ein bißchen mehr an

Phantasie scheint mir nützlicher zu sein als ein totaler Mangel an Phantasie.
Herr *v. Ditfurth* hat gemeint, daß die Techniker Rudimentäres aus Gewohnheit mitschleppen. Dazu habe ich ein eindrucksvolles Erlebnis in der Industrie gehabt. Wir hatten eine große Lieferung nach Schweden, die unter starkem Preisdruck stand. Die Schweden hatten nicht die Forderung gestellt, daß ein Meßinstrument im Kasten sein soll, während es bei uns regelmäßig eingebaut wurde. Ich schlug vor, das Meßinstrument zu 40 DM wegzulassen, um die Kosten zu senken. Kaum hatte ich das vorgeschlagen, kam der Betriebsleiter und sagte mir, bis er die ganzen Bauunterlagen korrigiere, komme ihn das Gerät *ohne* Meßinstrument teurer als das Gerät *mit* Meßinstrument. Das ist ein deutliches Zeichen, daß in der Dynamik der technischen Produktion ebenso wie in der Dynamik der technischen Entwicklung eine stark konservative Tendenz steckt.

Mittelstaedt: Ich möchte wieder zurück zu den technischen Modellen. Wo grenzen wir denn diese Modelle ab? Wir meinen ja nicht Modelle irgendwelcher Art. Ein Modell des Planetensystems wäre ja kein kybernetisches Modell. Die Frage ist: Welche Modelle sollen es denn sein? Die Antwort wird lauten: Es soll ein Modell von informationsübertragenden Prozessen sein.
Dazu habe ich ein paar ganz haarige Fragen: Ich habe zu erwägen zu geben, ob man, selbst wenn man ein System vom objektiven Standpunkt aus betrachtet – von einem Standpunkt außerhalb des Systems, vom Standpunkt des äußeren Beobachters –, ob man dann diese Nomenklatur entbehren und einfach nur eine Frage stellen kann. Ich nehme an, daß zwei oder mehrere Größen gegeben sind, die ich messen und manipulieren kann; das wäre meine einzige Bedingung. Ich kann nun die größten dieser Größen suchen. Ein vernünftiger Biologe tut das nicht und ein Techniker natürlich auch nicht: er sucht sich solche Größen, von denen er meint, sie seien relevant. Wenn man nun gegebene Größen hat, mindestens ein paar solcher Größen, die man messen und manipulieren kann, dann möchte man als Beobachter eigentlich wissen, wie die Kette der Vorgänge aussieht. Wir glauben ja, daß es einen ununterbrochenen physikalischen Wirkungszusammenhang zwischen zwei Größen geben muß, wenn wir festgestellt haben, daß sich durch Manipulieren der einen Größe bei der anderen etwas tut. Das ist, wie man wohl

sagen kann, ein klassisches System. Bei einem solchen System sagen wir, daß da ein Wirkungszusammenhang bestehen muß. Wir verlangen einen physikalischen Wirkungszusammenhang, wir suchen die Ketten der interkausalen Größen. Mit interkausalen Größen bezeichne ich alle diejenigen Größen, die von mindestens einer der Eingangsgrößen abhängen, als auch mindestens eine der ursprünglich gewählten Ausgangsgrößen beeinflussen. Damit haben wir das System abgegrenzt. Wir müssen zunächst also die Verhaltensleistung, wie wir das nennen, die Verhaltensbeziehung, die Beziehung zwischen Eingängen und Ausgängen, kennen. Wenn diese einmal gegeben sind, können wir uns fragen: Wie sind alle diejenigen Größen innerhalb dieses Systems miteinander verbunden, die sowohl von mindestens einer der Größen gesteuert werden, als auch mindestens eine der anderen steuern? Das habe ich Wirkungsgefüge genannt. Was Herr *Steinbuch* jetzt vorgeführt hat, waren – von uns aus gesehen – Modelle des Wirkungsgefüges. Wir sagen, ein Modell ist insoweit ein anderes System, und ein ausgedachtes oder auch wirklich gebautes anderes System ist insoweit ein Modell des Originalsystems, als beide hinsichtlich eines Wirkungsgefüges übereinstimmen.

Kaufmann: Nur eine Frage an Herrn *Steinbuch*, die nicht biologische Modelle betrifft, sondern technische Modelle: Wir haben vor uns eine Zeit, in der sich eine Atomreaktor-Industrie entwickeln wird. Wir stehen jedoch in einem Dilemma. Könnte man nun von diesem Dilemma ein Modell machen? Das Dilemma heißt: Wir haben Kohle, Öl, Reaktoren; dies speziell in Deutschland. In Deutschland brauchen wir das Öl zum Heizen, um Energie herzustellen, und ein winziger Prozentsatz dieses Öls geht zur chemischen Industrie. Wir können also deshalb nicht unter ein bestimmtes Einfuhrsoll gehen, weil wir dann nämlich die chemische Industrie nicht mehr mit den notwendigen Stoffen zu versorgen vermögen. Da sich gerade auf diesem Sektor die Industrie alle 5 bis 7 Jahre verdoppelt, sind wir zu immer größeren Öleinfuhren gezwungen, die andererseits nun aber wiederum verhindern, daß wir große Atomkraftwerke aufstellen. Diese Nichtaufstellung der Kraftwerke heute wird sich ab 1990 dahingehend auswirken, daß wir niemandem Atomkraftwerke verkaufen könnten, auch wenn wir sie prinzipiell bauen können, da wir nicht genug aufgestellt haben. Der Käufer will aber ja nicht nur die Apparate, sondern auch das *know how* im Betrieb, und er will auch sehen, wie der Apparat läuft.

Da haben wir einen Ablauf, bei dem sich die einzelnen Faktoren widersprechen. Glauben Sie, daß es möglich ist, ein kybernetisches Modell davon zu erstellen und dabei zu einer gewissen Optimalisierung zu kommen, wobei man noch in Betracht ziehen muß, daß die Investitionskosten gerade in der Reaktorindustrie so hoch steigen, daß wir nach einer bestimmten Zeit gehalten sind, die mit Investitionen bedachten Reaktoren auch zu bauen, obwohl wir dann vielleicht schon bessere bauen könnten? Wir haben so viel investiert, daß wir jetzt nicht plötzlich mit neuen Typen kommen können, erst muß einmal das investierte Kapital abgearbeitet werden. Daher meine Frage an Sie: Glauben Sie, daß Modelle solcher Vorgänge möglich sind?

Steinbuch: Herr *Kaufmann,* diese Frage kann man nicht mit Ja und nicht mit Nein beantworten. Die Problematik solcher ökonomischer Modelle ist ungeheuer kompliziert. Ein Modell ist so weit möglich, als sinnvolle Randbedingungen angegeben werden können. Dabei dürfen die Randbedingungen natürlich nicht allein räumlich gefaßt werden, sondern sowohl die wirtschaftsgeographischen wie auch die sach-immanenten, also zum Beispiel eine gegebene Reaktor-Technologie, ein gegebener Bedarf usw. Die rationalen Zusammenhänge, die man hierbei zu beachten hat, sind gar nicht so sehr kompliziert. Kompliziert und zum Teil unbekannt sind vielmehr diese zahllosen Randbedingungen, welche in ein nicht allzu kompliziertes rationales Modell eingehen.

Kaufmann: Man kennt nicht die Entwicklung des Plastikmarktes!

Steinbuch: Eben. Sie können nur sagen: Wenn ich diesen Satz zur Annahme mache, dann ist dies optimal; mache ich jenen Satz zur Annahme, dann ist jenes optimal, wobei der Zusammenhang zwischen Annahme und Optimalitätszustand nicht immer kompliziert ist. Er übersteigt häufig *nicht* unser Vorstellungsvermögen. Aber: die vernünftige Auswahl der Randbedingungen macht Schwierigkeiten.

Petermann: Meine Zusatzfrage zielt genau dorthin. Wenn wir mit der Steuerung großer wirtschaftlicher Prozesse weiterkommen wollen in der Zukunft, müssen ja immer mehr solcher Randparameter mit einbezogen werden. Wird man sagen können, dieses wird in Zukunft immer besser gehen? Oder stellen sich prinzipielle Widerstände dieser Entwicklung entgegen?

Steinbuch: Rein pragmatisch bin ich der Überzeugung, daß wir gewisse Verbesserungen erleben werden. Ich habe heute früh schon das Beispiel des Lehrerbedarfs und des Studienplätzebedarfs genannt. Diese Prognosen wären vor zehn Jahren schon mit ausreichender Präzision und viel weitergehend möglich gewesen, als sie gemacht wurden.

Petermann: Und das vergleichsweise mit ganz simplen Maßnahmen!

Steinbuch: Richtig! Man hatte die Geburtenjahrgänge, hatte die Geburtenraten. Man hätte alles berechnen können. Das Bewußtsein, daß man diese Dinge aufmerksam verfolgen muß, verbessert sich, glaube ich. Die Methoden und ihre Verknüpfung verbessern sich durch die bessere Funktion der Computer. Aber eine prinzipielle Grenze ist dort vor allem gegeben, wo das persönliche Verhalten von Individuen bestimmend ist. Dort haben wir keinerlei Ansätze, um ein Verhalten in entscheidenden Situationen vorauszusagen. Man kann etwa mit gewissen statistischen Annahmen über das mittlere Verhalten unter den Normalverbrauchern arbeiten. Bestimmte persönliche Entscheidungen vorauszusagen ist aber unmöglich. So folgenschwere Ereignisse zu prognostizieren wie den *Kennedy*-Mord ist außerhalb jeder sinnvollen Möglichkeit.

Aschoff: Wir müssen uns wieder mehr auf die grundsätzliche Begriffsbestimmung zu bewegen, auf die generellen Aspekte des Themas.

Steinbuch: Ich muß gestehen, daß ich mit der bisherigen Abhandlung des Themas »Information« sehr unzufrieden bin. Ich will meine Kritik zunächst aufhängen an einer Frage, die heute früh von Herrn *Schiemann* gestellt worden ist: Seit wann gibt es Information in diesem Universum? Diese Frage zeigt den Kern des Mißverständnisses. Wir sollten nämlich nicht annehmen, daß außerhalb unseres Bewußtseins irgendeine Substanz mit dem Namen »Information« existiert, die wir hier herausschöpfen und dort hineintun könnten. Diese Vorstellung einer außermenschlichen und auch innermenschlichen Substanz »Information« ist irreführend. Was ist Information? Herr *Bar-Hillel* hat es sehr schön gesagt: Wir sollten die Ist-Frage ausklammern. Den ontologischen Aspekt der Information sollten wir zweckmäßigerweise aussparen. Auf der anderen Seite bin ich unglücklich, weil die Information heute in einen Bereich hereingezogen wurde, den wir durch das Wahrscheinlichkeitsfeld erklären können. Heute vormittag fielen einige Diskussionsbemerkungen etwa des Sinnes: Wo ich ein Wahrscheinlichkeitsfeld definieren kann, da kann ich von einer Information sprechen; wo nicht, darf ich nicht von Information sprechen. Dieses Verständnis der Information als Einschränkung auf Situationen, wo man ein Wahrscheinlichkeitsfeld definieren kann, ist mir aber nun wiederum zu eng. Information als Substanz ist zu weit und zu falsch, Information als Wahrscheinlichkeitsfeld ist zu eng. Man kommt auf ein anderes Verständnis des Begriffes Information, wenn man sich die Situation eines problemlösenden Systems ansieht. Man bekommt dann wirklich ganz andere Vorstellungen darüber, was Information ist. Der Aspekt, unter dem *Shannon* Information verstand, war das Wahrscheinlichkeitsfeld. Wenn man aber vom Aspekt der Problemlösung ausgeht, sieht man plötzlich mehr die Qualität. Welche Funktion hat eigentlich Information? Ich kann es mit einer anschaulichen Metapher beschreiben. Stellen Sie sich vor, ein Mensch steht an einer Wegegabel. Die Schilder des Wegweisers dort sind heruntergefallen; es ist nicht ersichtlich, welcher Weg wohin führt. Wenn der Mensch nun die intakte Beschilderung am Wegweiser vor Augen hätte, könnte er den richtigen Weg aussuchen. Nun lassen sich bekanntlich alle Entscheidungsprozesse auf die Wegegabelsituation zurückführen. Vielleicht hat sie nicht nur zwei, sondern sogar unendlich viele Verzweigungen. Aber die Wegegabel ist so etwas wie eine adäquate Metapher für einen Entscheidungsprozeß. Wir können generell sagen: Ein wesentliches Kennzeichen der Information ist, daß sie zweckmäßige Entscheidungen ermöglicht. Das ist ein Begriff der Information, welcher durch den *Shannon*schen Wahrscheinlichkeitsgehalt nicht ausgeschöpft wird.

Nun ist das Teuflische folgendes: Den *Shannon*schen Begriff mit seinem Wahrscheinlichkeitsfeld kann man in feinen Formeln hinschreiben; die weiß jeder Nachrichtentechniker im zweiten Semester. Aber die mathematische Formulierung ist extrem schwierig, wenn sie sich auf das zweite Verständnis, den Entscheidungsaspekt, bezieht. Jedoch kann man auf sie im Prinzip kommen, wenn man die Situation problemlösender Systeme betrachtet. Ein problemlösendes System muß praktisch in sich ein Modell der Problemsituation aufbauen, wenn es das Problem adäquat lösen will. Wenn wir nun verschiedene Systeme haben, die der Kommunikation fähig sind, dann ist es das Wesen der Information, daß die Problemlösungsfähigkeit des einen Systems auf das nicht problemlösungsfähige System übertragen wird. Das erfordert, wie gesagt, ein ganz anderes Verständnis der Information. Es geht ja viel weiter, ist aber auch viel interessanter.

Schiemann: Eine Zwischenfrage: Dann wird das menschliche System völlig unnötig sein. Es könnten lauter Computer miteinander verkehren im Sinne des Problemlösens und sie könnten sich an neuen Problemen adaptieren.

Steinbuch: Der Schluß: »Dann wäre das menschliche System unnötig«, ist Quelle zahlloser Mißdeutungsmöglichkeiten. Aus diesem Grunde würde ich sagen: Das menschliche System ist nicht unnötig.

Haseloff: Aber auch nicht nötig!

Steinbuch: Die Frage ist nur: Wenn ich funktional das System begreifen will, ist es für mich funktional gleichgültig, ob das System ein Mensch ist oder kein Mensch.

Schiemann: Ich will nicht das Leib-Seele-Problem anrühren. Aber für die Laien muß ich doch fragen, ob bei den Kästen, die Modelle sein sollen, auch kleine Kästen dabei sind, wo Sie in Blockschrift daraufschreiben: »Bewußtsein« oder »Erleben«? Oder muß dies bei Ihrer Betrachtungsweise unter den Tisch fallen?

Steinbuch: Wir haben in der Genetik eine Reihe von Modellen: Genetischer Code, Aufbau der DNS usw. Da sind große Fortschritte gemacht worden. Wir müssen aber leider einsehen, daß es irgendwelche sinnvolle Modelle für das menschliche Gehirn, unser Zentralnervensystem und das menschliche Verhalten noch nicht gibt. Noch ist der Abstand zwischen dem, was wir abbilden möchten, und dem, was unser Abbildungsvermögen leistet, so groß, daß alle Versuche in dieser Richtung fehlgehen. In dieser Situation wird Unvermögen ersetzt durch irgendwelche Begriffe. »Denn eben, wo Begriffe fehlen, da stellt ein Wort zur rechten Zeit sich ein. Mit Worten läßt sich trefflich streiten« – und man kommt schnell dahin, daß Meinung gegen Meinung steht und man außerhalb der rationalen Sphäre ist.

Haseloff: Ich glaube, daß man bei der Frage der Nutzenfunktion technischer Modelle vielleicht noch etwas ergänzen kann. Einmal stellen sie Abbildungen dar von etwas, wie Kollege *Steinbuch* ausgeführt hat, und ermöglichen ein besseres Verständnis. Außerdem ermöglichen sie die Manipulation von Eingabegrößen und die Prüfung der ausgegebenen Verhaltensweisen. Aber es gibt noch eine weitere Nutzenfunktion. Statt theoretischer Erläuterung kann ich vielleicht ein Beispiel geben: Wir haben vor einer Reihe von Jahren ein Verhaltensmodell entwickelt, das etwa auf dem Niveau eines niederen Tieres steht, das sich in seiner Umgebung orientieren kann und das einen Speicher hat und drei bedingte Reflexe aufbauen kann. Wir haben zwei solche Drei-Reflex-Apparate gebaut. Dann haben wir aus Spaß diese Apparate beziehungsweise diese drei bedingten Reflexe miteinander in Verbindung gebracht, ohne daß uns klar war, wie sich das im Verhalten der Apparate auswirken würde. Wir haben die Apparate so gestaltet, daß die Aktualisierung einer Reflex-Konditionierung des einen Apparats eine Veränderung der Bedingungen für den anderen bedeuten mußte. Was wir gesehen haben, war nun, daß etwas Ähnliches wie Konflikt aufgetreten ist – was nicht unbedingt vorhersehbar war. Wir hatten ursprünglich Lernexperimente mit diesen Apparaten vorgehabt, haben aber dann ein ganz unerwartetes, sehr interessantes Ergebnis gefunden, das überhaupt nicht auf dem Programm gestanden hatte. *Input* und *output* beider Modelle ließen sich durch ein einfaches Drehen an Schrauben regulieren. Nun haben wir beobachtet, daß sich Dominanzverhältnisse in den Reflexbeziehungen der zwei Apparate herausgestellt haben. Es ließ sich erst nicht genau feststellen, woran das lag, bis wir gemerkt haben, daß es mit dem Einstellungsgrad der Schrauben für *input*- und *output*-Empfindlichkeit zusammenhing. Wir haben ein sozialpsychologisch gut interpretierbares Ergebnis bekommen. Wir haben festgestellt, daß die zunächst plausibel klingende Annahme, daß jenes Verhaltensmodell, welches stärkere

Signale abgibt, die Dominanzrolle übernehme, nicht stimmt, daß es also kein Merkmal für Dominanz ist, wenn sich eine Seite bestimmter, stärker und kräftiger äußert. Die Dominanzrolle ergibt sich vielmehr daraus, daß die *input*-Schwelle heraufgesetzt wird. Das heißt, das betreffende Modell wird weniger sensitiv für die Signale, die vom Kommunikationspartner ausgehen. Dafür gibt es innerhalb der Sozialpsychologie im menschlichen Verhalten interessante Parallelen. Ich will sagen: Technische Modelle für Verhaltensweisen, also Verhaltensmodelle, können unter Umständen die Nutzenfunktion haben, daß man überraschend auf etwas kommt, was man zunächst in der Hypothese nicht erwartet hat. (*Steinbuch:* Ausgezeichnet!)

Bar-Hillel: Herr *Steinbuch*, Sie haben das Wort »Theorie« in Ihrem Vortrag nicht ein einziges Mal erwähnt, sicher mit Absicht. Trotzdem ist nicht ganz klar, wie dieses Modewort »Modell« – beinahe habe ich manchmal den Eindruck, daß das Wort »Modell« von »Mode« abgeleitet wird –, das in den letzten zwei Jahrzehnten für Hunderte von Diskussionen über Modellbegriffe und ihre Verwertung Anlaß gegeben hat, wirklich zu verstehen ist. Da fehlt etwas daran. In einer Ihrer Illustrationen war der Unterteil »Wahrnehmung«, und dann kam »Veranschaulichung« gleich hinterher. Soll das eine allgemeine Theorie des wissenschaftlichen Arbeitens sein oder nur eine Sache für spezielle Fälle? Was fehlt, ist – zumindest als Zwischenstufe – die theoretische Erfassung und Systematisierung mit Hilfe einer Theorie, die weder »Wahrnehmung« noch »Veranschaulichung« zu sein braucht, die sogar in häufigen Fällen sowohl »Wahrnehmung« als auch »Veranschaulichung« überhaupt ganz ersetzen kann. Wie wir wissen, gibt es sehr viele Theorien, wo von Veranschaulichung in irgendeinem Sinne nicht die Rede sein kann. Es wird manchmal behauptet, daß einer der größten Fortschritte der Menschheit im zweiten Drittel des 20. Jahrhunderts darin lag, daß man sich von veranschaulichenden Theorien, also von Modellen, hat freimachen können, daß man gelernt hat, mit anschauungsfreien Theorien zu arbeiten und dadurch zu einem freien Spiel der Gedanken gekommen ist, ohne daß man an irgendwelche Anschauungen gebunden ist. Kein Mensch wird daran zweifeln, daß es vom pädagogischen Standpunkt aus wünschenswert ist, zu veranschaulichenden Modellen zu kommen, daß ein Modell von Vorteil zu sein vermag, weil man an ihm herummanipulieren kann.

Haseloff: Aber es ersetzt keine Theorie!

Bar-Hillel: — Ja, es kann das Theoretisieren nicht völlig ersetzen. Ich kann Theorien geben, die modellfrei sind. Natürlich läßt sich die Bedeutung des Wortes »Modell« auch wiederum derartig dehnen, daß sogar schon das Hinschreiben von mathematischen Formeln als »Modell« bezeichnet worden ist. Sie wollten natürlich den Begriff des Modells im engeren und strengeren Sinne nehmen. Man muß dazu aber betonen, daß ein Modell nur ein Teil der theoretischen Erfassung eines Gebietes sein kann, die so partiell zwar eventuell möglich, vernünftig und förderlich ist, es aber nicht unter allen Umständen sein muß — man kann gegebenenfalls auch gut ohne Modell auskommen.

Steinbuch: Die Vermutung von Herrn *Bar-Hillel* ist vollkommen richtig: Den rechten Flügel der Problemfront hielt ich nicht für sehr wichtig. Ich betrachte das nur als Veranschaulichung einer technischen Modellierung. Wenn ich das nicht gebracht hätte, wäre mit Sicherheit die Diskussionsbemerkung gekommen: »Es gibt aber nicht nur abstrakte Modelle; es gibt auch konkrete Modelle.« Ich bin aber mit Ihnen der Meinung, daß es nicht das zentrale Thema unserer Untersuchungen ist. Ich möchte noch auf einen Punkt hinweisen: Ich glaube, daß der Begriff Information in unserem Kreis nach wie vor nicht in befriedigender Weise gefaßt wurde. Ich kann insbesondere, verzeihen Sie, Herr *Bar-Hillel,* Ihnen nicht zustimmen, daß zwei total unterschiedliche Begriffe der Information existieren. Ich glaube, daß das, was Sie zu skizzieren versuchten, durchaus als Teilaspekt der quantitativen Seite übertragungstechnisch in das Schema von *Shannon* paßt. Wir müssen hier nicht prinzipiell neue Gedankengänge aufbauen. Beides geht stetig ineinander über. Man verwendet allenfalls einen anderen mathematischen Kalkül zur Behandlung, aber es ist nichts grundsätzlich Verschiedenes, worüber man redet.

Otto Walter Haseloff

Probleme der Motivation in der kybernetischen Verhaltenssimulation

1. *Gegenstand der Kybernetik*

Norbert Wiener definierte 1964 Kybernetik als »die Theorie oder Technik der Nachrichten, des Nachrichtenumsatzes oder der diesen leistenden Systeme«.

H. Frank umschreibt Kybernetik enger als »die Theorie der Aufnahme, Verarbeitung und raumzeitlichen Übertragung von Information«.

Stafford Beer definiert sie allgemeiner als »Wissenschaft von Kommunikation und Regelung«.

Ljapunow umschreibt Kybernetik operationalisiert: »Das Grundverfahren der Kybernetik ist die algorithmische Beschreibung des Funktionsablaufs von Steuerungssystemen.« Wobei Algorithmus als allgemeines und eindeutiges Verfahren zur — automatischen — Lösung der Aufgaben eines wohldefinierten Problemkreises zu verstehen ist.

Die Definition von *Georg Klaus* lautet: »Kybernetik ist die Theorie des Zusammenhangs möglicher dynamischer selbstregulierender Systeme mit ihren Teilsystemen.«

Eine Definition, die zwei grundsätzliche Funktionen der Kybernetik einbezieht, lautet:

»Kybernetik ist

— die formale Theorie von Struktur und Kommunikation offener (dynamischer) Systeme sowie
— die Technik, durch die sich Informationen und Entscheidungen zur Erreichung von Zielen wirksam machen lassen.«

Dabei ist es gleich, ob die jeweils in Frage stehenden offenen Systeme formal — also logisch, statistisch — oder physikalisch-chemisch, biologisch, psychologisch oder aber sozialwissenschaftlich beschrieben werden.

Als eine grundlegende wissenschaftstheoretische Forderung hat dabei die Sicherstellung der wechselseitigen Abbildbarkeit und exakten Zuordnung dieser verschiedenen Ebenen der Beobachtungsverarbeitung und Modellbildung zu gelten.

Es wäre nicht rational, den Versuch zu unternehmen, eine dieser Theorieebenen ontologisch zu hypostasieren — also etwa den

mathematischen Formalismus der Informationstheorie allen Bereichen zu unterlegen – und gleichzeitig die anderen Ebenen der Beobachtung und Modellbildung von der jeweils hypostasierten Ebene her als abgeleitet und daher »sekundär« zu deuten.
Die spezifischen Erkenntnischancen der Kybernetik und ihre sicher gleich wichtigen wissenschaftspolitischen und gesellschaftlichen Wirkungen werden eingeschränkt, wenn sich eine Dogmatisierung durchsetzt, die den substantiell fachübergreifenden und interdisziplinären Charakter der Kybernetik zugunsten einer Sonderkonzeption verfälscht.
Eine wichtige Aufgabe kybernetischer Forschung ist es deshalb, die kybernetischen Grundmodelle der Information, der Rückkopplung und des selbstadaptiven offenen Systems jeweils korrespondierend mit den Erkenntnisfortschritten der Einzelwissenschaften zu differenzieren. Das System der Kybernetik selbst gilt es also »offenzuhalten«.

Demgemäß umfaßt Kybernetik gleichberechtigt:
– Informationstheorie, einschließlich der Theorie der Nachricht, des Zeichens, der Signale und der Symbole;
– allgemeine Systemtheorie, deren Konzeption durch *Bertalanffy* in ihrer Bedeutung für die Kybernetik nicht immer hinreichend gewürdigt wird;
– Ingenieurkybernetik, mit Übertragung der hier möglichen Einsichten auf andere Gebiete;
– Biokybernetik, mit der Entwicklung bestimmter Modelle zur Erklärung physiologischer, verhaltensbezogener Probleme;
– Soziokybernetik – die Anwendung solcher Modelle auf Probleme der sozialen Interaktion und Kommunikation, etwa bei Fragen der wirtschaftlichen oder politischen Entscheidungsoptimierung bzw. Organisation;
– schließlich Entscheidungs- und Strategietheorie.

2. Zur Situation der Kybernetik

Nach einem äußerst produktiven und ermutigenden Beginn ist in Deutschland die Kybernetik heute in eine gewisse Gefahr des Stagnierens geraten. Dies unter anderem, weil im Gegensatz zu modernen amerikanischen Kybernetikern wie *Pribram*, *Miller* und *Galanter* bei uns noch ein vergleichsweise »informationsarmes« Modell der Anpassung offener Systeme (durch Lernen sowie durch zentralnervöse, vegetative, hormonale und metabolische Regulationsprozesse) Verwendung findet. Dieses Modell zeigt enge Anlehnung an dasjenige der »frühen« Assoziationspsychologie sowie an dasjenige des »orthodoxen« Behaviorismus.

Der frühe Assoziationismus und der orthodoxe Behaviorismus postulieren den »leeren Organismus« – heute nennt man ihn auch gern *black box* –, durch den Empfindungen, Reize oder Informationen auf mehr oder weniger komplizierten Bahnen hindurchgehen, um sich dann (gemäß der jeweiligen Systembedingungen) zu Reaktionen zu transformieren. Dieses Konzept des »leeren Organismus«, das seine Wurzeln letztlich im erkenntnistheoretischen Assoziationismus der Philosophie des englischen Empirismus hat, wird gelegentlich in irriger Überschätzung als einziges im Grunde »wissenschaftliches« Modell des Verhaltens offener Systeme angesehen. Dem entspricht die Überschätzung der Reichweite und Aussagekraft der *Pawlow*schen »Reflexologie«, die gleichfalls eine Theorie des »leeren Organismus« voraussetzt.

Es wäre falsch, von dieser unbefriedigenden Situation zu glauben, sie dauere auch künftig unverändert fort. Vielmehr gibt es gerade im Bereich der Kybernetik selbst vielfältige Ansätze, aus denen das allzu vereinfachende Modell überwunden werden kann. Es ist kein Zufall, daß das Konzept der Motivation hierbei eine zentrale Rolle spielt.

3. Zur Theorie der Motivation

Seit langem gesicherte Einsichten und Erfahrungen der modernen Lernforschung besagen zwingend, daß die Beziehungen zwischen Reiz und Reaktion sich nicht ohne sinnvolle und exakt prüfbare Annahmen über die Existenz und Wirksamkeit spezifischer, systeminterner Determinanten erklären lassen.

Die Tatsache, daß beispielsweise ein schwacher Reiz sowohl eine schwache als auch eine starke Reaktion auszulösen vermag, hat die Einbeziehung des Konzepts der Motivation zur Erklärung von Reiz-Reaktions-Beziehungen erforderlich gemacht. Gleiches gilt für die »qualitative« Unterschiedlichkeit von Reaktionen bei gleichartigem Reiz sowie umgekehrt für die Tatsache, daß bei sehr unterschiedlichen Reizkonfigurationen gleichartige Reaktionen beobachtet werden. Diese Tatsachen wurden vom Behaviorismus zunächst tendenziös »übersehen«. Schließlich aber hat er sein methodisches Grundpostulat der eindeutigen Zuordnung unmittelbar beobachtbarer Reize zu gleichfalls unmittelbar beobachtbaren Reaktionen – also das Konzept der direkten Verkettung von *input* und *output* – zugunsten eines dynamischen Konzepts aufgegeben, in dem die Annahme intervenierender Variablen erlaubt ist. Eine solche intervenierende Variable aber ist Motivation, etwas, das zwischen *input* und *output* geschaltet ist. Erst diese Einführung eines operational definierten Konzepts der Motivation hat die behavioristische Lernforschung in starkem Maße fruchtbar werden lassen, ohne daß dies durch einen Verlust an Präzision und Exaktheit erkauft werden mußte.

Die Kybernetik hat sich eine Zeitlang dagegen gesträubt, das zwischen Reiz und Reaktion intervenierende Konzept der Motivation voll aufzunehmen. Die Deutung des offenen Systems ausschließlich als Informationswandler steht sehr in der Nähe der Vorstellung vom »leeren Organismus«.

Die unbemerkte oder bewußte »Ausklammerung« der dynamischen Prozesse als Determinanten der *input-output*-Beziehungen erschien als Voraussetzung für den Aufbau eines strengen Formalismus der Informationsprozesse. Der angestrebte und auch realisierte hohe Abstraktionsgrad mathematisch-formaler Modelle im Bereich der kybernetischen Forschung ist einerseits methodisch außerordentlich wünschenswert. Andererseits begründet er jedoch die Gefahr, wichtige Aspekte der Realität zu verfehlen oder auszuklammern, da die Festlegung des Abstraktionsgrades wissenschaftlicher Modelle einen Willens- und keinen Erkenntnisakt darstellt.

Die Arbeit an der Entwicklung leistungsfähiger theoretischer Modelle der Struktur und Dynamik offener selbstadaptiver, das heißt lernfähiger Systeme sollte keineswegs zugunsten einer formalen Eindimensionalität der Modellkonzeption zur Rezeptionssperre für weiterführende Erkenntnisse beispielsweise der Motivforschung führen. In der Tat besteht keinerlei Notwendigkeit für die kybernetische Theoriebildung, das Deutungsschema des »leeren Organismus« zu dogmatisieren. Vielmehr stellt sich ihr die dringliche Aufgabe, durch Hinzuziehung moderner, empirisch begründeter und interdisziplinär anwendbarer Motivationskonzepte zu noch leistungsfähigeren, aussagekräftigeren und realitätsnäheren Modellen zu gelangen.

4. Motivation und kybernetische Verhaltenssimulation

Schon früh ist die Kybernetik dazu übergegangen, auch funktionsfähige technische Modelle für das Verhalten zu entwickeln.

Diese Arbeitsrichtung ist in vielfältiger Hinsicht nützlich. Dies unter anderem, weil die Herstellung eines funktionsfähigen technischen Modells fast zwangsläufig zur kognitiven Annäherung an die strukturellen Bedingungen realen Verhaltens – von der Wahrnehmung bis zur Entscheidung in Konfliktlagen – führt.
Die bereits in der Diskussion erwähnten, von meinen Schülern und mir entwickelten Verhaltensmodelle »Hinz und Kunz« haben beispielsweise, obgleich sie zunächst nur für die Veranschaulichung des bedingten Reflexes und der einfachen Lernkonditionierung angelegt waren, unvorhergesehenerweise bei ihrer wechselseitigen Kommunikation auch die informationellen Bedingungen sozialer Dominanz in der Kommunikationssituation verdeutlicht.
Realitätsnähere, technisch heute durchaus zu realisierende Verhaltensmodelle lassen sich nur entwickeln, wenn sie neben Reizaufnahme, Speicherung und konditionierter Reaktion auch Motivation simulieren.
Welche motivationstheoretischen Einsichten der modernen Forschung wären für diese Aufgabe zu berücksichtigen? Hier kann gesagt werden: Die Bedeutung der Motivation für die leistungsfähige Beschreibung und Erklärung von Verhalten zeigt sich insbesondere in der modernen Lernforschung. Eine kompetente Interpretation von Lernen ist ohne die Berücksichtigung von Motivation nicht möglich. Der moderne *Behaviorismus* bei *Hull, Spence, Brown* oder *Tolman* nimmt »intervenierende Variablen« oder »hypothetische Konstrukte« an, die zwischen Reiz und Reaktion vermitteln und ihre jeweilige Beziehung zueinander regeln.
Die Einschaltung der Motivation als »intervenierende Variable« vermag die sonst nicht theoretisch aufklärbare Variabilität der Stimulus-Reaktions-Beziehungen befriedigend zu erklären und teilweise sogar, wie durch *C. L. Hull,* dessen Lerntheorie als einzige innerhalb der Psychologie hat formalisiert werden können, in engen Grenzen präzise zu prognostizieren.
Dabei werden zwei basale Funktionen der Motivation unterschieden:
— eine allgemein energisierende und Aktivitäten des Systems überhaupt erst in Gang setzende Funktion sowie
— eine direktive, zielorientierte und damit das Verhalten situations- und aufgabengerecht organisierende Funktion, wobei einzelne Verhaltenselemente terminal aufeinander bezogen, auf Zwecke und Ziele hin verkettet werden.

Vor allem fassen Forscher wie *Hull, Dollard, Miller* oder *Mowrer* Motivation (mit Recht) als unabdingbare Voraussetzung für jegliches Lernen auf. Entscheidender Erklärungsansatz ist dabei die Reduktion einer motivational bedingten Spannung. Vereinfacht ausgedrückt besagt dies, daß jeweils diejenige Klasse von Verhaltensmustern künftig mit erhöhter Wahrscheinlichkeit in ähnlich strukturierten Situationen auftreten wird, die zum erfolgreichen Abbau der motivationalen Spannung geführt hat.
Umgekehrt führten die in der modernen Lernforschung gewonnenen Erkenntnisse zu der Einsicht, daß sich Genese, Struktur und Dynamik der Motivation nicht ohne Berücksichtigung des Konzepts »Lernen« als langfristige Anpassung offener Systeme an die Bedingungen und Chancen ihrer Umgebung erklären lassen.
So können beispielsweise Situationen, Ereignisse, Handlungen, Objekte oder kommunikative Signale, die ursprünglich Zwischenstationen darstellten, durch Lernprozesse eigenwertig werden. Sie übernehmen dann selbst die Funktion von Motiven, wie *Allport* in seiner Theorie der »funktionellen Autonomie der Motive« gezeigt hat. Auch hier wird deutlich, daß sich die hypothetischen Konstrukte des Lernens und der Motivation wechselseitig fordern.

5. Funktion der Motivation in einer operationalen Theorie des Verhaltens offener Systeme

Zunächst ist hier festzuhalten: Offene Systeme (zu denen auch Persönlichkeit als langfristige biosoziale Organisation des Verhaltens und Erlebens gehört) realisieren sich in einem dauernden Wechselspiel von Motivation, Wahrnehmung, Denken, Lernen und Handlung. Dabei übernimmt Motivation eine Reihe wichtiger energisierender und regulativer Funktionen.
Da ist einmal die Regelung der Rezeption und Evaluation der externen wie auch internen, durch Rückkopplung vermittelten Informationen, des *input*. Diese Funktion vollzieht sich bei der Regelung der Reizrezeption und Informationsevaluierung durch Selektivität der Wahrnehmung: Es werden solche Sachverhalte und Ereignisse bevorzugt und erleichtert aufgenommen, die gemäß der aktuellen Motivationslage für den Organismus bedeutsam sind. Motivation lenkt also die notwendige Interpretation und Bewertung eines stets mehrdeutigen Reizangebots aus der Umgebung durch gezielte Auswahl und spezifisch thematisierte Organisation der Information.

Der selektiven Sensitivierung steht ein gegenläufiges, ebenfalls motivational bedingtes Phänomen gegenüber: die *perceptual defense*. Durch sie wird die Aufnahme von solchen externen Informationen verhindert oder eingeschränkt oder verzögert, die vom Organismus, beispielsweise aufgrund fehlender oder unzureichender Reaktionsmöglichkeiten, subjektiv als konfliktbesetzt oder belastend erlebt werden. Damit befaßt sich der Forschungsbereich der *social perception* — zu nennen wären *Bruner, Postman, Gilchrist* oder *McGinnies*.

Auch hiermit wird deutlich, daß kybernetische Modelle ohne Berücksichtigung systemintern ablaufender dynamischer Prozesse nicht auskommen, wenn sie adäquate Beschreibungs- und Erklärungsmodelle für Verhalten geben wollen.

Motivation reguliert weiter die Aufnahme interner, im Rückkopplungskreis anfallender Informationen. Dieser *interne input* — also Registration somatischer Funktionen, zentrale Repräsentation emotional affektiver Befindlichkeiten, Aktualisierung von Gedächtnisinhalten — kann als Antwort auf Außenstimulation reaktiven Charakter haben, kann jedoch auch im Wege einer Selbststimulation produziert werden, etwa im Traum.

Input erweist sich damit als eine in hohem Grade individuelle Variable. Es ist ein schwerwiegender Irrtum, wenn angenommen wird, daß der »objektive« kontrollierte *input* einzige Information ist, die zu einem gegebenen Zeitpunkt in das offene System eingeht und seinen *output* bestimmt. Eine solche »ungestörte« Beziehung ist in der Realität nicht anzutreffen.

Motivation beeinflußt also auch Richtung und Intensität zentraler, systeminterner Prozesse. Sie wirkt regulativ auf die kognitive Verarbeitung und Organisation der als systemrelevant bewerteten und aufgenommenen Informationen. Die Strukturierung und Evaluierung von Wissen und Erfahrung erfolgt unter dem funktionellen Aspekt der aktuellen und/oder künftigen Befriedigung von individuell bedeutsamen Motiven: also *satisfaction* und *safety* als Zielfunktionen.

Motivation bedingt ferner die Auslösung und Thematisierung systeminterner Zustände und Aktivitäten, so der Gefühle — Stimmungen und Affekte — und des symbolischen Verhaltens: Denken, Phantasie, Traum.

Die Bedeutung der Motivation für eine leistungsfähige Theorie des Entscheidungsverhaltens ist unabweisbar. Hier sind grundsätzlich zwei Funktionen zu unterscheiden:

— Aktualisierung von Alternativen und

– Bewertung dieser Alternativen (in bezug auf Wichtigkeit und Realisierbarkeit).

Wichtige Einsichten in die komplexen Zusammenhänge zwischen Motivation und Entscheidung haben bereits die älteren Konflikttheorien, zum Beispiel von *Freud, Lewin, Miller* geliefert. Die modernen Entscheidungstheorien beziehen Motivation als maßgebliche Variable ein. Hier ist u. a. an die psychophysisch orientierte *signal-detection-theory* von *Swets, Tanner, Green* und *Atkinson* zu denken. Sie impliziert eine Reihe mathematischer Modelle, in denen auch Motivationsfaktoren berücksichtigt werden. Damit stellt sie sich als eine fortschrittliche, die faktische Komplexität des Entscheidungsverhaltens akzeptierende Theorie dar.

Motivation regelt schließlich auch die Ausgabe von Verhalten, den *output*.

Hier wirken unterschiedliche Prozesse zusammen: Einmal wird durch die energisierende Funktion von Motivation überhaupt erst eine Verhaltensausgabe in Gang gesetzt. Zum anderen weist Motivation dem Verhalten – vor oder während seiner Ausgabe – seine jeweiligen situationellen oder situationsübergreifenden Zielwerte zu. Damit wird die Auswahl und sequentielle Organisation von Verhalteneinheiten gesteuert. Aufgrund der Antizipation von motivationsdefinierten Verhaltenszielen wird ein zukunftsgerichtetes, die Aktualität als »Zwischenstation« interpretierendes Verhalten möglich.

Weiter wirkt die aktuell wirksame Motivation als »Organisator« beim Aufbau der internen symbolischen Modelle der externen Situationsbedingungen. Internes, zielorientiertes Probehandeln – also das Denken –, vor allem aber problemlösendes und kreatives Verhalten gegenüber neuartigen Situationen und Problemen kommt nicht ohne eine spezifische Motivstruktur zustande.

Schließlich beeinflußt Motivation die Wahl der Verhaltensebene. Je nach dem *Scenarium* und den rückgemeldeten Systemzuständen kann der *output*

– die Gestalt einer terminal organisierten Handlung,
– diejenige einer Signale und Symbole übermittelnden kommunikativen Aktivität oder
– den Charakter eines »spontanen«, entlastenden Ausdrucksverhaltens annehmen.

Die kursorische Darstellung der Funktionen der Motivation macht deutlich, daß ein ausschließlich *input* und *output* berück-

sichtigendes kybernetisches Modell für die Beschreibung und die Prognose des Verhaltens offener, insbesondere sozialer Systeme unzureichend ist. Daher gilt es, möglichst viele Funktionen der Motivation in kybernetische Verhaltensmodelle einzubauen. Ohne Zweifel lassen sich die Funktionen der Motivation theoretisch in jedem wünschenswerten Grade operationalisieren, weitgehend aber auch – wie schon gesagt – technisch simulieren. Darüber hinaus stehen andere Formen der Präzisierung theoretischer Modellvorstellungen über Struktur und Dynamik der Anpassung offener Systeme an die jeweils gegebene Realität zur Verfügung – zum Beispiel Flußdiagramme.
In diesem Zusammenhang sei noch auf ein spezielles neuropsychologisches Konzept der Motivation hingewiesen, das sich aufgrund seiner relativen Einfachheit und eindeutigen Operationalisierbarkeit zur baldigen Einbeziehung in kybernetische Modelle anbietet. Hier handelt es sich um die Aktivationstheorie, vertreten durch *Hebb, Duffy, Lindsley, Malmo* u. a., in der die Frage nach der Funktionsweise von Motivation ausdrücklich auf die Wechselbeziehungen zwischen Motivationsvariablen und bestimmten Intensitätsveränderungen des allgemeinen, in der Dynamik des Hirngeschehens sich konstellierenden »Aktivitätsniveaus« reduziert wird (»aszendierendes retikuläres Aktivitätssystem«). Schwankungen dieses allgemeinen Aktivitätsniveaus werden als verläßliche Indikatoren für motivationsgesteuertes Verhalten gewertet.
Abschließend ist zu sagen: der systematische Versuch, den Stand des gegenwärtig gesicherten Wissens der modernen Psychologie im Bereich der Struktur, der Dynamik und der Funktionsweise der Motive in die kybernetische Modellbildung einzubeziehen, hat sich als zweckmäßig und vor allem auch als möglich erwiesen. Es dürfte kein Zweifel sein, daß auch auf diesem Wege die weitere Entwicklung der kybernetischen Theoriebildung in Richtung auf praktische Anwendbarkeit und empirische Bewährung vorangetrieben wird. Andererseits würde eine die Motivationsfunktionen einbeziehende kybernetische Forschung auch die Verhaltenswissenschaften von der Biologie bis hin zu den Wirtschaftswissenschaften und bis zur Theorie der Politik und der Machtkonkurrenz in einem sehr wirksamen und wünschenswerten Grade fördern.

Mittelstaedt: Ich finde, mit dem *input-output* ist es wie mit einem Wasserhahn. Man hat eine Eingangs-Ausgangsbeziehung, von der Sie sagen, sie sei nicht konstant. Sofern der Wasserdruck in der Wasserleitung gut ist, kommt Wasser heraus, wenn ich den Wasserhahn aufdrehe. Wenn wir analoge Versuche mit Menschen und Tieren machen, dann stellen wir fest, daß es da nicht so geht. In vielen Fällen bekommen wir da keine klaren Eingangs-Ausgangsbedingungen; in anderen bekommen wir sie zweifellos. Aber es gibt eben viele Fälle, wo das nicht geschieht. Deswegen führt man einen schönen Begriff ein. Er sieht zunächst aus wie ein *deus ex machina*. Da man immer Variables haben wird und da man das im Modell nicht darstellen kann, hypostasiert man, nimmt einfach eine feste Variable an, die so wechselt wie beim Wasserhahn der Wasserausstoß. Wenn der Wasserausstoß sich jetzt ändert, bei sich änderndem Wasserdruck von Null auf voll – und das macht er nach irgendeinem Programm, das ich gar nicht kenne –, und ich vom Wasserwerk keine Informationen beziehen kann, dann muß ich einfach den Wasserhahn auf- und zudrehen und eine Statistik darüber aufstellen, wieviel an Wasser herauskommt. Wir Motivationsforscher machen das. Wir schauen uns an, in welcher Abhängigkeit die Dinge stehen, in Abhängigkeit von der Zeit, in Abhängigkeit von anderen Systemen. Da ist dann eigentlich die Motivation definiert »als Bereitschaft, einen bestimmten Geschehensablauf durchgehen zu lassen«. Wenn ich also vielleicht zehnmal am Tag probiere, ob beim Aufdrehen des Hahnes etwas herauskommt, und es kommt in 5 von 10 Fällen etwas heraus, dann sage ich: die Motivation für diesen Wasserhahn ist unter diesen Bedingungen halb so stark, wie sie wäre, wenn ich den Hahn über den ganzen Zeitraum aufgedreht hätte. In dem Augenblick können wir eine bedingte Wahrscheinlichkeit dafür aufstellen, daß ich Wasser bekomme, und da ist dann tatsächlich auch eine *Shannon*sche Information da. In dem Augenblick aber, wo ich den Wasserdruck ebenfalls verändern kann, verwandelt sich das ganze System in ein System mit zwei Eingängen und einem Ausgang, und die Information im *Shannon*schen Sinne ist weg; denn nun läßt sich voraussagen, was passiert.

Haseloff: Was ich Ihnen so kurz sagen konnte, ist natürlich von dem, was die Motivationsforschung bietet, noch nicht ein Tausendstel. Sie haben das ganz adäquat geschildert. Einen Aspekt kann man aber noch hinzunehmen: Weil sich die Motivation immer auf zukünftige Zustände richtet, liegt in diesem

Konzept etwas sehr Wichtiges, nämlich eine prognostische Gerichtetheit. Das heißt, wenn ich mit Motivvariablen arbeite, dann muß ich meine Aufmerksamkeit immer prognostisch einstellen. Motive sind ja ausgedachte hypothetische Konstruktionen, also keine Männchen, keine *Homunkuli*. Aber sie sind in zweifacher Weise an die Realität anzuheften; einmal deshalb, weil diese intervenierenden Variablen Prognosen einschließen. Wenn ich zum Beispiel sage, bei einem Menschen ist das Besitzbedürfnis sehr stark, dann mache ich eine allgemeine Prognose, wie er sich in gewissen Situationen verhalten wird. Wenn er das aber nicht tut, muß ich eine andere hypothetische Konstruktion einführen. Diese hypothetischen Konstruktionen sind mit gewissen Indikatoren verbunden, so daß es uns möglich ist, bevor die vieldeutige Variabilität zwischen *input* und *output* auftritt, Hypothesen aufzustellen im Hinblick auf die Regulation dieser Beziehungen. Ich kann also Hypothesen darüber aufstellen, welche Bedürfnisse bei einem Menschen vorhanden sind. Ich kann das in der Verhaltensforschung auch bei Tieren. Lasse ich Katzen hungern, kann ich von da her bestimmte Hypothesen machen, wieviel Prozent der Katzen sich in dieser stark motivierten Situation so und so verhalten werden. Der prognostische Aspekt ist wichtig für die empirische Prüfung dieser intervenierenden Variablen, die also keineswegs nur ausgedacht sind. Dann hat man die Möglichkeit, durch Indikatoren, die man etwa mit Hilfe der Korrelationsanalyse aufstellen kann, eine Verankerung in der Realität zu gewinnen, bevor das Motiv aktuell zur Wirkung kommt.

Mittelstaedt: Mein Beispiel: Man versucht, Zugang zum Wasserwerk zu bekommen und den Wasserstand im Wasserturm zu verändern. Dann kann ich vorausprophezeien. In dem Moment, in dem ich den Wasserstand hoch mache, werde ich relativ mehr Wasser herausbekommen.

Haseloff: Das ist der eigentliche Sachverhalt!

Bar-Hillel: Ich frage Sie nun, wäre »Neugierde« eine Motivation? Würden Sie das so verstehen wollen? Eine rein intellektuelle Neugierde?

Haseloff: Natürlich. Wir nennen das »exploratives Bedürfnis«!

Bar-Hillel: Bei Katzen ist das exploratives Bedürfnis; bei Menschen ist es etwas mehr. Es ist das »Verstehen-Wollen«, das »Auf-den-Grund-der-Sache-gehen-Wollen«.

Haseloff: Es ist gewiß mehr als exploratives Bedürfnis.

Bar-Hillel: Würde das von Ihnen auch als Motivation gesehen werden?

Haseloff: Ganz gewiß!

Bar-Hillel: Würden Sie sagen, daß mit der Motivation schon ungefähr alle intervenierenden Variablen, die nötig sind, erschöpft sind? Wahrscheinlich doch nicht!

Haseloff: Nein!

Bar-Hillel: Sie haben nicht über »Angeborenes« — wahrscheinlich mit Absicht — geredet. Es wird da ja viel herumgeredet. *Chomsky* hat ja aufgewiesen, daß das Problem der Angeborenheit noch nicht aus der Welt geschafft worden ist.

Aschoff: Ich darf mal eingreifen. Die Tatsache, daß er von Motivation gesprochen hat, besagt ja nichts darüber, ob er von gelernt oder angeboren spricht. Können wir hier denn unterstellen, er meine mit solchen Motivationen nur gelernte?

Haseloff: In einer koinzidenten Theorie muß man neben Motivation und Lernen noch eine Reihe weiterer intervenierender Variablen annehmen.

Bar-Hillel: Ich habe gerade versucht, ein wenig als *advocatus diaboli* zu wirken. Was ich aber dazu eigentlich meine, ist: Man wollte soweit wie möglich auf dem festen Boden der Tatsachen stehen, von Observationen ausgehen und so schnell wie möglich zu Observationen gelangen. Was dazwischen liegt, sollte soweit wie möglich reduziert werden. Als man notgedrungen erkannte, daß das doch nicht ging, entschlossen sich einige Psychologen zu einer anderen Auffassung. Ich glaube, wenn man sich von diesem theoretischen Konzept der Motivation freimachen könnte, würde alles viel einfacher werden. Was man braucht, sind Theorien. Daß in diesen selbstverständlich auch Begriffe vorkommen, ist klar. Wie man diese theoretischen Begriffe terminologisch festlegt, ist unwichtig. Die ganze terminologische Frage verliert an Sinn; denn nicht die Begriffe sind der Kern. Und das ist der Unterschied zu dem, was vor 20 Jahren gedacht wurde. Als Zwischenstadium zwischen *input* und *output* braucht man keine Begriffe – man muß Begriffssysteme haben. Das System ist wichtiger als die einzelnen Begriffe, die ihre Bedeutung und ihren Inhalt erst dadurch bekommen, daß sie dem Zusammenhang eines theoretischen Systems angehören. Die Theorie ist das Entscheidende, nicht die einzelnen Begriffe.

Haseloff: Wenn ich sage »Motivation ist eine intervenierende Variable« und dann 140 Aussagen darüber mache, wird schon deutlich, daß das nicht eine intervenierende Variable ist in dem Sinne, wie die Neobehavioristen das zunächst verwendet haben, sondern daß hier eine dazwischengeschaltete höchst komplexe Theorie vorliegt.

Bar-Hillel: Dann ist auch die Frage von Professor *Aschoff* beantwortet. Wenn eine ganze Theorie dazwischengeschaltet ist, wird es nicht notwendig, im Einzelfall terminologisch genau zu werden. Was dazwischenkommt, um die Sache zu systematisieren und zu organisieren, ist von ungleich größerer Bedeutung. Man muß sich dazu durchringen, daß wissenschaftliche Forschung nicht ohne Theorie geht – Theorie sogar so gewagt wie nur möglich –, daß die Wissenschaft nur Fortschritte macht, wenn eine Theorie widerlegt wird. Es ergeben sich natürlich Hunderte von Einzelfragen. Zum Beispiel: Wie wird die Stärke der Motivation gemessen? Sie sprachen ja davon, daß so und so viele Verhaltensweisen von der Stärke der Motivation abhängen; wie aber wird sie gemessen, wenn das nicht durch das Verhältnis von *input* und *output* geschehen kann? Wenn das nämlich die einzige Messungsmethode wäre, dann ginge es doch ein wenig im Kreis herum, wir wären letztlich doch wieder nur bei *input* und *output*. Mir ist aber nicht klargeworden, wie Stärken von Motivationen unter bestimmten Umständen gemessen werden.

Haseloff: Für die Messung von Motivstärken gibt es ein ganzes System von Theorien. Die Meßtheorien in bezug auf Motivation enthalten auch inhaltliche Annahmen. Ich glaube, daß es doch wichtig ist, die Variablenbeziehungen zwischen *input* und *output* in größerem Maße vorhersehbar und auch erklärbar zu machen. Ich habe gezeigt, daß dies viel komplizierter ist, als man zunächst angenommen hatte, so daß man nicht mit einfachen Aussagen auskommt, sondern sehr komplexe, dynamische Modelle, also durchaus Theorien entwickeln muß. Die Messung der Motivstärke muß je nach Art der Motivation unterschiedlich erfolgen.

Generell sind drei Arten von Motiven zu unterscheiden. Da gibt es das Motiv der Reduktion eines Spannungszustandes, die sogenannte Befriedigung. Furcht, Hunger sind Spannungszustände. Das Ziel ist die Reduktion dieser Zustände. Dieses Modell ist insofern sinnvoll, weil es den Tatbestand gibt, aber es reicht nicht aus, um Motivationen so, wie sie tatsächlich das Verhalten bestimmen und organisieren, zu beschreiben. Man muß also daneben noch zwei Strukturformen von Motivation annehmen, nämlich jene Motive, bei denen nicht ein Spannungszustand — also eine Rückmeldung von systeminternen Bedingungen — das Verhalten nach außen hin dirigiert, bei denen deshalb auch die augenblickliche Reaktionslage des Organismus weniger wichtig ist als die in der Außenwelt liegenden Ziele. Im ersten Fall erfolgt eine Programmierung des Motivs durch Systemzustände — das gilt beispielsweise für die vitalen Bedürfnisse, die zum Teil durch genetische Informationen mitbestimmt werden. Im zweiten Fall ist das Motiv durch Prozesse der Wertinternalisierung und des sozialen Lernens stärker bedingt, ja oft allzu stark programmiert. *Freud* etwa hat hauptsächlich eine Theorie allzu stark sozial programmierter Motive entwickelt.

Man ist in der neuen Zeit auf eine dritte Gruppe von Motiven aufmerksam geworden, bei denen weder ein Ziel — nach der *Freud*schen Terminologie: das Liebesobjekt — eine Rolle spielt noch auch die Reduktion eines unbehaglichen, innerlich gespannten vitalen Zustandes, wie etwa der Furcht oder des Hungers, sondern wo das Bedürfnisziel darin besteht, daß bestimmte bereitstehende Verhaltensmuster reproduziert werden — Bedürfnisse also, die auf den Ablauf bestimmter Aktionen hin programmiert sind.

Das sind nun schon drei verschiedene Theorien!

v. Randow: Ich möchte die Frage von Professor *Bar-Hillel* wiederholen: Ist es möglich, an einem Beispiel zu zeigen, wie man die Stärke einer Motivierung mißt?

Haseloff: Man mißt sie zum Beispiel daran, welche Risiken jemand in Kauf nimmt, um dieses Bedürfnis zu befriedigen. Eine andere Möglichkeit, und zwar eine erstaunlicherweise höchst verläßliche Möglichkeit, die Motivstärke zu messen, besteht darin, daß man den Leuten mehrdeutige Reizkonfigurationen vorlegt, zum Beispiel mehrdeutige Bilder von wichtigen Situationen, und prüft, in welchem Grade der Betreffende in seiner Wahrnehmung die Bilder interpretiert. Je stärker die Interpretation in einer Richtung ist, bis zu einer extrem verzerrenden Interpretation, um so größer ist die Motivstärke. Ich kann Motivstärke also daran messen, in welchem Maße sie die Wahrnehmung bestimmt, in welchem Maße sie die Thematik der Wahrnehmungsorganisation bestimmt. Ich kann sie aber auch dadurch messen, daß ich eine Bandaufnahme von einer längeren mündlichen Äußerung eines Menschen mache. Ich kann dann prüfen, welche Worte er sehr häufig verwendet. Da gibt es große Unterschiede, die auch Hinweise auf Motive geben.

Mittelstaedt: Wenn Sie Motivation daran messen wollen, wieweit ein Mensch Risiken in Kauf nimmt, dann messen Sie eine Handlungsbereitschaft an einer anderen. Aber auch diese andere Handlungsbereitschaft ist nicht gemessen: Wenn man eine Größe nicht kennt, kann man die andere nicht damit messen.

Haseloff: Das ist das Problem der Festlegung eines Nullpunktes der Motivation. Eine Analyse des Entscheidungsverhaltens ergibt immer nur eine Auskunft darüber, wie sich Motivstärken zueinander verhalten. Das ist so, als wenn man ein Schaubild zeigt, wo verschiedene Säulen die Stärke für etwas anzeigen. Wichtig ist da vor allem die obere Hälfte, nämlich die Unterschiede zwischen den Säulen, aber nicht, wie hoch die Säulen überhaupt sind.

Schaumann: Eine Messung von Motivation ist im Tierexperiment leichter, weil dort die Variablen geringer sind. Es gibt eine intelligente Versuchsanordnung, bei der man einer Ratte am Ende eines Ganges Futter vorsetzt; Motivation: Hunger. Die Ratte weiß, da hinten findet sie Futter. Nun setzt man sie Schocks zunehmender Stärke aus, und man kann in Volt messen, wie groß der Hunger der Ratte ist. In Chininkonzentrationen kann man messen, wie groß ihr Durst ist, indem man bei durstenden Ratten dem Getränk Chinin zusetzt. Das sind Versuchsanordnungen zur Messung der Motivation, die in der Psychopharmakologie enorm wichtig sind; denn wir tun da oft nichts anderes, als Motivationsstärken verändern.

Haseloff: Ein charakteristisches Beispiel für die Messung von Motivation: Amerikanische Forscher haben einen Automaten hergestellt und Affen Münzen zu dessen Bedienung gegeben. Die Affen haben gelernt, wenn sie die Münzen in den Automaten stecken, bekommen sie etwas. Da war zum Beispiel folgende Anordnung: eine bestimmte Münze gibt Weintrauben, eine andere alkoholische Getränke, eine andere substantiellere Nahrung, wieder eine andere macht den Weg zum Weibchen frei. Nach dem Wahlverhalten, nach der Häufigkeit, mit der dies oder jenes gewählt wird, kann man sehr verläßlich Motive messen.

Frey: Ich möchte eine methodische Frage stellen. Soweit ich das verstanden habe, was Herr *Haseloff* und Herr *Schaumann* sagten, messen Sie die Motivation jeweils mit verschiedenen Verfahren. Sie behaupten nun, Herr *Haseloff*, daß Sie jeweils dieselbe Motivation messen.

Haseloff: Das würde ich nicht tun.

Frey: Die Frage ist doch die: Wenn Sie verschiedene Methoden zur Messung haben, dann ist entweder das, was Sie mit verschiedenen Verfahren messen, jeweils etwas anderes, oder, wenn Sie meinen, das gleiche messen zu wollen mit verschiedenen Verfahren, dann müßte auf irgendeine Weise entweder theoretisch oder experimentell nachgewiesen werden, daß es sich bei dem, was Sie messen, jeweils um dasselbe handelt, daß unter Motivation beide Male dasselbe gemeint wird. Wenn ich richtig verstanden habe, so scheint mir Ihrer Gleichsetzung eigentlich nur eine theoretische Voraussetzung zugrunde zu liegen, nicht aber eine wirklich experimentelle, die nachweist, daß wir in dem einen und im anderen Verfahren jeweils dasselbe bestimmen und messen.

Haseloff: Ich bin ein schlichter Empiriker. Ich sehe das Problem nicht so schwierig. Nehmen wir an, ich verbände verschiedene Meßverfahren für die Stärke von Hunger, etwa den Einfluß von Hunger auf Lernen. Ich kann verschiedene Meßverfahren benutzen. Ich habe zum Beispiel eine Anordnung benutzt, bei der Ratten gegen eine Klappe in relativ großer Höhe springen müssen. Das ist eine Anstrengung. Einige Ratten sind häufiger als andere gesprungen. Diese verschiedenen Häufigkeiten ließen sich dann in eine Beziehung setzen. Sicher erhält man so nur einen Detailaspekt, aber man macht doch eine interessante Erfahrung. Es läßt sich ein Programm festlegen, nach dem eine Gratifikation erfolgt. So kann ich jeden Sprung, jedes Erreichen der Klappe gratifizieren, indem die Ratte Nahrung vorfindet. Oder ich kann nur jedes zweite Mal, jedes fünfte Mal Futter geben. Ich kann aber auch fünfmal hintereinander Futter geben, und dann wieder zwanzigmal nicht. Nun beobachte ich, wie die Ratten springen: Es zeigt sich, daß sie dann am häufigsten springen, wenn eine unregelmäßige Gratifikation vorliegt. Die Ratten, die immer etwas bekommen haben, hören am frühesten mit dem Springen auf, wenn man ihnen nichts mehr gibt.

Das ist eine ziemlich schwierig zu deutende Beobachtung. Aber wenn ich feststelle, daß die Ratten nach der Mahlzeit überhaupt nicht springen und in wachsendem Abstande von der letzten Mahlzeit häufiger springen, um etwas zu bekommen, dann habe ich ein bestimmtes Meßverfahren, nämlich die Anstrengung der Ratten, zur Nahrung zu gelangen, und ich beziehe das gemäß der segensreichen Vieldeutigkeit der Natursprache auf etwas, was ich provisorisch Hunger nenne, wobei ich weiß, daß der Hunger der Ratte etwas anderes ist als der Hunger des Menschen. Der Hunger von Menschen ist komplexer; da gibt es noch Appetit, die soziale Situation, die ich intendiere, usw. Aber ich bin bescheiden genug; als schlichter Empiriker sehe ich: Die Ratte springt, weil sie Hunger hat.

Wenn ich die Ratte in ein Labyrinth setze, das ich so einrichte, daß sie an bestimmten Stellen über eine Platte laufen muß, wo sie einen elektrischen Schlag bekommt, und ich feststelle, daß sie nur in einem bestimmten zeitlichen Abstand zur letzten Nahrungsgratifikation über die Platte hinwegläuft und somit lieber verzichtet — um es simplifiziert zu sagen: »Mein Hunger ist nicht so groß, daß ich den Schlag in Kauf nehme« —, so ist das eine andere Meßmethode. Aber wenn ich nun sagen wollte, hier liegen möglicherweise zwei verschiedene Hunger vor, weil zwei verschiedene Meßmethoden angewendet wurden, dann schiene mir das doch *oversophisticated*. In beiden Fällen können wir doch mit einer für die Praxis hinreichenden Sicherheit sagen: Hier handelt es sich beide Male um Hunger, wobei immer klar ist, daß der Hunger von Ratten nicht derselbe ist wie der von Menschen. Aber immerhin ist der Einfluß dieser Motivspannung auf das Lernen dem analogen Einfluß der entsprechenden Motivspannung beim Menschen recht ähnlich. Ich glaube, hier kann man schon in allen Fällen sagen: Hunger.

Großmann: Man sollte als Psychologe ohne weiteres zugeben, daß wir bei der Theorienbildung einer Motivationslehre außerordentliche Schwierigkeiten haben. Wenn wir zum Beispiel drei Messungen für das Verhalten von Ratten nehmen: die Anzahl der Stunden, die vergangen sind seit der letzten Fütterung, die Stärke des elektrischen Schocks, die beim Hinlaufen zu einer Futterbox von dem Tier überwunden wird, und drittens vielleicht die Geschwindigkeit, mit der diese Ratte frißt, dann haben wir tatsächlich nur sehr geringe Korrelationen. Sie liegen im Größenbereich von 30 bis 40, das heißt, sie erklären ungefähr 10 bis 15 % der Varianz. Das hängt natürlich wieder von anderen Dingen ab. Der Sprung der Ratte gegen eine Klappe, wie Herr *Haseloff* sagte, hängt zum Beispiel ab vom Belohnungsplan. Wenn wir sie nur gelegentlich belohnen, bekommt sie plötzlich einen Drall und springt nur nach links oder nur nach rechts. Bei der Laufbahn mit einem elektrischen Grill vor dem Ziel kann es zum Beispiel dazu kommen, daß die Ratte den elektrischen Schock ohne weiteres auch als sekundären positiven Verstärker bewertet – falls er nicht zu stark ist. In dem Augenblick, wo er aber zu stark ist, geht sie überhaupt nicht mehr hin und ist in einer Konfliktsituation.
Wir haben große Schwierigkeiten, eine Theorie zu finden, weil jede intervenierende Variable praktisch bei jedem Maß unabhängig wieder gekoppelt werden kann an die Ein- und an die Ausgänge. Um auf den Wasserhahn zurückzukommen: Selbst wenn wir wissen, wie der Wasserdruck sich durch Regelung vom Wasserwerk aus über den Tag verteilt, können wir damit immer noch nichts anfangen, weil das Aufdrehen des Wasserhahns wieder eine Rückwirkung darauf hat, wie stark der Wasserdruck das nächste Mal sein wird.

Bar-Hillel: Mir scheint, daß man hier im Begriffe ist, einen schweren methodologischen Fehler zu begehen. Ich halte es für unbedingt notwendig, daß der Wissenschaftler darauf besteht, daß er mit den drei oder vier Messungsverfahren *dieselbe* theoretische Funktion f mißt und unter keinen Umständen sich damit abfindet zu behaupten, mit jedem solchen Verfahren messe er eine andere Funktion, $f\,1$, $f\,2$, $f\,3$ usw. Nur wenn er sich auf die Identität des Gemessenen versteift, macht er empirische Behauptungen, die dann widerlegt werden können. Wenn die Korrelation zwischen zwei solchen Verfahren dann nur 30 oder 40 % ist, lernt man eben, daß man irgendwie unrecht hatte und daß man dann korrigieren muß. Es liegen dann eben Parameter vor, die nicht in Betracht gezogen wurden. Man kann ja nie hundertprozentig sicher sein, daß man immer nur eine Variable unter Kontrolle hat. Ist man hereingefallen, dann muß man eben nochmals nachdenken und versuchen, es besser zu machen. Dadurch kommt Wissenschaft vorwärts.

Frey: Was ich meinte, war: Solange man kein Verfahren hat, festzustellen, daß mit »Hunger 1« und »Hunger 2« wirklich dasselbe gemessen wird, solange kann man nicht mit Bestimmtheit sagen, daß die beiden Termini gleich sind.

Bar-Hillel: Man muß diese Identität als Hypothese aufstellen und kann von da aus zu Ergebnissen kommen.

Frey: Ich will doch verifizieren oder falsifizieren. Alles, was Sie sagen, läuft doch nur darauf hinaus: Soll ich meine Hypothesen falsifizieren bzw. verifizieren oder nicht? Sie meinen eben, man müsse die Falsifikation offenlassen. Selbstverständlich müssen wir die Möglichkeit einer Falsifikation prinzipiell immer offenlassen, sonst hört die Wissenschaft auf. Da bin ich natürlich Ihrer Meinung.

Bar-Hillel: Daß man die Gleichheit verifiziert, das ist eben die Bedingung –

Frey: Da bin ich eben nicht Ihrer Meinung, daß das allein die Bedingung sei.

Bar-Hillel: Eine der Bedingungen.

Frey: Nein, nicht ohne weiteres. Mit der Feststellung, man könne die beiden Termini nicht mehr identifizieren, ergibt sich die Falsifikation der Hypothese. Da habe ich doch eine Methode zur Falsifikation. Nein, ich bin nicht Ihrer Meinung; ich glaube auch nicht, daß das stimmt.

Zemanek: Mir fällt hinsichtlich der Messung auf, daß wir keine Meßeinheit haben. Mit Ihrer, dem Feld angepaßten Methode zu messen, würde ein Physiker von sich weisen.

Bar-Hillel: Ja: Ist das, worüber wir jetzt reden, ein Intervall-Messen? Oder was ist das eigentlich?

Haseloff: Intervall-Skalen und auch Ratio-Skalen können verwendet werden. – Wir kommen jetzt auf die Frage nach den Methoden der Psychologie überhaupt, nach der Messung in der Psychologie. Das ist ganz bestimmt ein komplizierteres Problem als die Messung von Längen, und es ist auch nicht in allen Punkten befriedigend gelöst. Man kann aber doch für jede Problemstellung eine Skala finden. In vielen Fällen, gerade in der Sozialpsychologie, verfügen wir über Ratio-Skalen, das heißt, wir können Meßgrößen in bezug auf das Verhalten von Menschengruppen feststellen, die sogar verrechenbar sind, die Prognosen erlauben, zum Beispiel mit Hilfe von Testverfahren. Es sind ja nicht nur die gegenwärtig etwa 2500 Intelligenztests, die quantifizierbare Ergebnisse erbringen. Dabei ist ein Psychologe an der Frage, was Intelligenz ist, gar nicht interessiert. Das sind Fragestellungen, die mir aber gerade hinter dem, was Herr *Frey* meinte, zu stehen schienen: Ist es denn jeweils derselbe Hunger? Das scheint mir eine gar nicht so sehr wichtige Frage; denn es ist ja wieder nur die ontologische Frage nach der Existenz. Ich werde hier aber lieber eine hypothetische Vorhersage machen, werde prüfen, ob sie eintrifft und dann etwa sagen: Nein – also sind zweifellos noch andere Variablen da.

v. Ditfurth: Ich möchte zum Abschluß noch nach der Bewußtseinsfähigkeit von Maschinen fragen. Sie, Herr *Frey,* haben mehrere Arbeiten über das Thema geschrieben. Es gibt das Buch von *Gotthard Günther* vom »Bewußtsein der Maschinen«, und Sie, Herr *Steinbuch,* haben sich auch sehr entschieden dazu geäußert. Weil es hier um eine Grundsatzfrage geht, die sich beim gegenwärtigen Stand der Forschung nicht entscheiden läßt, ist ein Urteil über die Bewußtseinsfähigkeit von Automaten mehr oder weniger eine Frage der persönlichen Einstellung. Ich bekenne, daß ich Ihnen, Herr *Steinbuch,* in diesem Punkt absolut folge, und ich glaube, daß die psychologischen Widerstände gegen den Vorschlag, eine solche Hypothese überhaupt durchzudenken, in sehr großer Nähe der Motive jener angesiedelt sind, die sich einst sträubten, das geozentrische System abzuschaffen, die sich vor hundert Jahren gegen *Darwin* gesträubt haben, weil sie meinten, daß er den Menschen in das Tierreich einordne, und die sich aus ganz ähnlichen Gründen auch gegen *Freud* gewehrt haben.

Dennoch habe ich ein Bedenken. Wenn ich das, was Rechnen, Denken und Intelligenz sein soll, einmal operational definiere, dann kann ich folgendes Gedankenexperiment machen: Ich habe vor mir einen Partner, das kann ein Automat sein oder ein lebender Organismus, dem ich die Aufgabe 2 × 2 stelle. Wenn ich die Antwort »4« bekomme, und der Partner war ein Kind, dann sage ich: das ist eine intellektuelle Leistung! Nun ist zunächst kein Grund einzusehen, warum ich, wenn ich die gleiche Antwort von einem Automaten bekomme, das nicht auch als intellektuelle Leistung definieren soll. Jetzt gibt es aber nicht nur elektronische Rechner, sondern auch ganz primitive, rein mechanische Rechengeräte, die man mit dem Finger oder einem Stift bedient. Und auch mit solch einem »Apparat« kann man nun »2 × 2 = 4« rechnen. Aber würde nicht jeder von uns zögern zu sagen, daß dieser simple Schieber sich dabei in irgendeiner Weise intellektuell verhalten hat?

Ich will damit auf folgendes hinaus: Es ist doch auch zu bedenken, daß in der Geistesgeschichte und in der Geschichte der Naturwissenschaften immer wieder festzustellen ist, daß zu jeder Zeit versucht wurde, möglichst alles mit dem zu erklären, was gerade an jüngst erarbeiteter Methodik zur Verfügung stand. Und ist daher unsere Bereitschaft, die komplette Kybernetisierbarkeit aller psychischen Vorgänge (und damit auch die Bewußtseinsfähigkeit elektronischer Apparaturen) für möglich zu halten, nicht vielleicht auch dadurch motiviert, daß für uns heute Gedanken irgendwie »etwas Elektrisches« sind?

Steinbuch: Man kann keinen Erfahrungssachverhalt angeben, welcher die Möglichkeit ausschließt, daß unser gesamtes geistiges Geschehen durch physische Strukturen erklärt werden könne. Genauer: Es gibt keinen Erfahrungssachverhalt, der uns hindern könnte, unser gesamtes geistiges Geschehen als durch neuronale oder humorale Strukturen begründet anzunehmen. Es gibt andererseits aber auch keinen Erfahrungssachverhalt, der diese Möglichkeit mit Sicherheit beweist, das heißt, es ist einfach eine Frage der persönlichen Einstellung, welche der Hypothesen man als akzeptabel ansieht.

Man muß sich entscheiden. Diese Entscheidung scheint mir nicht ganz ohne Folgen zu sein. Die Unterstellung, man könnte geistiges Geschehen durch physische Strukturen begründen, ist, glaube ich, ein Stimulans für große Wissenschaftsgebiete. Die Unterstellung, man könnte es nicht, wirkt auf manche Entwicklungen ein bißchen einschläfernd. Es gibt noch einen weiteren Grund: Überall in der Wissenschaft sollte man versuchen, mit einem minimalen methodischen Werkzeugkasten auszukommen. Die Annahme nicht physisch erklärbarer Vorgänge in unserem geistigen Leben ist aber wissenschaftsmethodisch ein zusätzliches Werkzeug in unserem Instrumentenkasten.

Nun komme ich auf das, was Herr *v. Ditfurth* zuletzt ausführte. Da muß ich sagen: Dieser einfache Klick-Klack-Apparat hat Intelligenz. Kürzlich wurde in der Zeitschrift *Kosmos* die Frage ganz provozierend gestellt: Welche Intelligenz hat ein Teesieb, das den Tee durchläßt, aber nicht die Blätter? Ich wurde dazu gefragt. Ich kann nur sagen: Ich sehe kein Kriterium, welches uns Grund gäbe zu sagen: Das Teesieb hat keine Intelligenz. Nur wird der Begriff der Intelligenz hier so strapaziert, daß er gewissermaßen entartet.

Das scheint der typische Sachverhalt: Wo immer wir eine rationale Einsicht in geistige Prozesse haben, wird der Vorgang enorm banal. Deshalb haben viele Menschen eine Scheu, geistige Prozesse auf physische Modelle zurückzuführen. Dieser Ernüchterungseffekt ist verständlich. Die Frage, die sich hier stellt, ist: Was will man mit dieser intellektuellen Tätigkeit? Will man eine maximale Einsicht in geistiges Geschehen oder will man einen therapeutischen Effekt erzielen? Will man einen therapeutischen Effekt, so ist es zweckmäßiger, die Fiktion aufrechtzuerhalten, es seien in unserem Seelenleben Dinge wirksam, die nicht physisch erklärbar sind.

Klaus E. Großmann

Kybernetische Aspekte des Lernens

Der Begriff »Kybernetik des Lernens« ist in der letzten Zeit in zunehmendem Maße mit der Vermittlung von Wissensstoff durch Lehrprogramme in Verbindung gebracht worden. Es hat sich aber immer deutlicher gezeigt, daß die – vor allem auf der Grundlage von Tierexperimenten gewonnenen — theoretischen Konzeptionen sich als viel zu spezifisch und zum Teil als wenig tragfähig erwiesen haben. Bei den Bemühungen, Algorithmen des Lernens und des programmierten Lehrens zu finden, tappt man trotz einiger vielversprechender Ansätze noch weithin im dunklen. Im Bereich der experimentellen Pädagogik, dem traditionellen Gebiet des Lernens und Lehrens, ist die Praxis der Theorie weit voraus.

Wo können wir, im Bereich lernpsychologischer Forschung, kybernetische Methoden anwenden, um die nur schwache Verbindung zwischen *akademischem* Lernen und Lehren und der Lerntheorie zu verstärken? Ich möchte zu zeigen versuchen, in welchen Bereichen sich das vielleicht in absehbarer Zeit einmal erfolgreich durchführen läßt, will gleichzeitig aber nicht verschweigen, welch großen theoretischen Schwierigkeiten die Lernpsychologie sich dabei gegenübersehen wird.

Die meisten Lernpsychologen verstehen unter Lernen diejenigen Verhaltensveränderungen, die sich auf der Basis individueller Erfahrung für einen Organismus ergeben, nicht jedoch aufgrund von Ermüdung, Drogeneinflüssen, Verletzungen usw. Diese Definition liegt innerhalb einer Forschungsrichtung, die sich ganz bewußt auf reine Verhaltensvorgänge konzentriert und die Begriffe, die sich etwa auf ein psychologisches Innenleben beziehen, weitgehend unberücksichtigt läßt; sie ist aber nicht identisch mit dem orthodoxen Behaviorismus.

Die meisten Lernexperimente wurden an Tieren ausgeführt, vor allem an domestizierten Ratten und Tauben. Es wurden dabei immer genauere Vorhersageleistungen für immer speziellere Umstände erzielt. Daraus entwickelten sich Lerntheorien, die zum Teil sehr rigoros und quantitativ aufgefaßt waren; aber entweder besaßen diese Theorien eine Vorhersagekraft nur etwa für den Spezialfall sehr hungriger Ratten in einer Laufbahn oder – wie bei einigen statistischen oder mathematischen Lernmodellen – sie gingen von Voraussetzungen aus, die aufgrund der experimentellen Forschungsergebnisse nicht gegeben waren.

Namhafte deutsche Lernpsychologen haben kürzlich den Schluß gezogen, daß infolge der rigorosen Vereinfachung der Lernsituation im Experiment für die dabei gefundenen Lerngesetze überhaupt keine Gültigkeit hinsichtlich anderer Bedingungen bestehe. Es wurde sogar behauptet, die Lerntheorie sei nur wichtig wegen des Schockeffektes, den ein rein mechanistisches Modell bei Studenten auslöse, es bestehe aber keine Hoffnung, mit Lerntheorie etwas anfangen zu können.

Von kybernetischer Seite werden dagegen gelegentlich große Erwartungen in die Lernforschung gesetzt. Ich möchte mich hier, wenn ich von Kybernetik spreche, an eine Definition *Mittelstaedts* halten: »Kybernetik ist die Wissenschaft von der Struktur und der Dynamik des Wirkungsgefüges von Verhaltensleistungen.« Die Struktur solcher Wirkungsgefüge haben zahlreiche Kybernetiker im Auge, die synthetisch arbeiten, die also Systeme mit bestimmten Verhaltensleistungen entwerfen und bauen. Dies im Gegensatz zu den Analytikern, die vorgegebene Wirkungsgefüge, besser: Ausschnitte solcher Wirkungsgefüge, in den Griff zu bekommen versuchen. In diesem Sinne will zum Beispiel *Th. H. Erismann* Lernen verstanden wissen als »Änderung oder Neuerwerbung des Funktionsschemas einer Tätigkeit aufgrund von mindestens teilweise außerhalb dieser Tätigkeit liegenden Einflüssen«. Welche Schwierigkeiten sich dabei für den empirisch nach mehr oder weniger bewährtem *black-box*-Modell arbeitenden Lernpsychologen ergeben, wenn eine Lerndefinition bereits Aussagen über die Vorgänge innerhalb der *black box* impliziert, soll an zwei Beispielen erläutert werden: an dem noch immer sehr im Brennpunkt des Interesses stehenden Themenkreis der Aggression und an einigen Aspekten des Sprechenlernens.

Die Definition *Mittelstaedts* spricht von Struktur und Dynamik des Wirkungsgefüges von Verhaltensleistungen. Mit kybernetischen Strukturanalysen sind wir hier alle vertraut; dazu gehören Analysen von Orientierungsleistungen einfacher und komplizierter Art, gehört etwa die Reiz-Reaktionsanalyse des Bewegungssehens bei einem Insekt und zahlreiche ähnliche Beispiele. Lernen dagegen ist *per definitionem* dynamischer Na-

tur. Man kann zwar eine Strukturanalyse der Gegebenheiten vornehmen, wie sie der Schweizer Psychologe *Piaget* anstellt, wenn er etwa das Urteilsvermögen verschieden alter Kinder hinsichtlich ihrer Vorstellungen über die Begriffe Menge und Zahl untersucht und dann, nachträglich, Aussagen über die Entwicklung solchen Urteilsvermögens in den verschiedenen Altersstufen macht. Die unmittelbare Dynamik eines Lern- oder Reifungsprozesses bleibt dabei aber unberücksichtigt.
Bei der Psychophysik kognitiver Prozesse, also bei dem Versuch, das Bindeglied zwischen der physikalischen Umwelt und dem subjektiven Abbild mit kybernetischen Methoden zu erfassen, ist die Analyse eines Problemlösungsprozesses bereits abhängig von der Kenntnis der Umgebungs- und Lernbedingungen, wie der Psychologe *Klix* gezeigt hat.
Bei der Analyse dynamischer Prozesse geht es also darum, möglichst viele jener relevanten Bedingungen zu erfassen, die funktionell daran beteiligt sind, einen Organismus von einem Zustand A in einer gegebenen Zeit t in einen Zustand B zu überführen. Ein solcher Zustand ist hier eine rein methodisch bedingte Momentaufnahme, die natürlich darauf hin überprüft werden muß, ob sie für die bewirkten Veränderungen repräsentativ ist; wichtiger aber bleibt der Weg von A zu B.
Erinnern wir uns der pessimistischen Bestandsaufnahme, mit der ich begann: ist dieser Grabgesang für die Lernforschung berechtigt? Wenn wir uns die Literatur anschauen, die die Lernpsychologie produziert hat, so fallen immer wieder zwei Namen auf, deren theoretische und empirische Konzepte Bestand gezeigt haben: der russische Physiologe *Iwan P. Pawlow* und der amerikanische Psychologe *B. F. Skinner*. *Pawlow* hat nachgewiesen, daß Tiere und Menschen auf eine große Zahl von Reizen angeborenermaßen in bestimmter Weise reagieren. Geht aber solchen angeborenen Reizreaktionen regelmäßig ein beliebiger anderer Reiz voraus – der zunächst natürlich noch gar keine vergleichbare Reaktion erzeugt –, dann lernt der so behandelte Organismus doch bald auch auf diesen neuen, ehemals völlig neutralen Reiz so zu reagieren, als stände dieser in ursächlichem Zusammenhang mit dem Reiz, der immer eine bestimmte angeborene Reaktion auslöst. Wie aber reagiert er? Er reagiert je nach den Umständen auf diesen neutralen Reiz. Selbst wenn der neue Reiz zum Beispiel einen aversiven, für den Organismus schmerzhaften ungelernten Reiz mit angeborener Reaktion ankündigt – zum Beispiel einen elektrischen Schlag,

auf den stets mit Zucken reagiert wird –, dann, je nach den Umständen, versucht das Tier zu entkommen, zittert es, versucht es, den Kontakt mit den Elektroden zu unterbrechen oder zu vergrößern, drückt es sich in eine Ecke, usw. Das Tier bereitet sich also auf den aversiven Reiz vor, versucht dessen Wirkung zu vermindern und zeigt Verhaltensweisen, die wir mit »Angst« interpretieren.
Ein Modell, das nun vorgibt, bei *Pawlow*schen Reflexen handle es sich um einfache Reizsubstitutionen, ist für den Lernpsychologen ohne große Hilfe. Bei Signalen, die einem Organismus negative Reize ankündigen, kann man nämlich beobachten, daß derartig konditionierte Vermeidungsreaktionen oft noch jahrelang anhalten, auch wenn der ungelernte Auslöser mit automatischer Reaktion schon lange nicht mehr auftritt. Signale positiver Ereignisse verlieren dagegen ihre Wirkung schnell, wenn sie den ungelernten Reiz mit angeborener Reaktion nicht mehr zuverlässig ankündigen.
Manche Ängste, Neurosen, Aversionen lassen sich auf Vermeidungsreaktionen reduzieren. Bei der Erziehung kleiner Kinder wissen wir zum Beispiel recht gut, welche Assoziationen möglichst verhindert werden müssen, um ihnen die volle Entfaltungsmöglichkeit nicht zu nehmen.
Im Gegensatz zu *Pawlow* hat *Skinner* die Aufmerksamkeit mit Nachdruck auf die spontane Aktion gelenkt. Für *Skinner* bleibt die spontane Aktion allerdings ein rein operationales Konzept. Jedes Tier und jeder Mensch besitzt eine Vielzahl von Verhaltensweisen, die entweder bei der Geburt vorhanden sind oder die danach reifen. Bei zahlreichen Tieren ist dieses Verhaltensrepertoire instinktiv festgelegt, das heißt, es ist durch Umweltereignisse kaum oder gar nicht modifizierbar. Bei anderen Tieren sind manche Verhaltensweisen modifizierbar, beim Menschen die meisten: ganz verschiedene Aktionen können jeweils ganz verschiedene Zwecke haben, so wie Instrumente für verschiedene Zwecke verwendet werden können, weshalb oft von *instrumental conditioning* gesprochen wird. Ob zum Beispiel ein Kind durch wildes Gebrüll zu einem Lutscher gelangt, oder aber durch heimliches Aufeinanderstellen von Stühlen, oder aber durch freundliches Verhalten und Bitten, hängt sehr davon ab, welche diesbezüglichen Erfahrungen es schon gemacht hat.
Ein Organismus, dessen Verhalten durch das Zusammentreffen mit bestimmten Ereignissen in der Umwelt quantitativ und qualitativ verändert wird, muß ein Bewertungssystem für

solche Konsequenzen seines Handelns besitzen. Aber nicht nur die Verhaltensweisen selbst unterliegen der Modifikation, sondern auch die Antriebe für ganz bestimmte primäre und sekundäre Verhaltenskomplexe. Dies geschieht allerdings in ganz unterschiedlicher Weise. Als Beispiel möge der anekdotisch überlieferte Ausruf eines venezianischen Hafenarbeiters dienen, nachdem die Stadt aus der Herrschaft Habsburgs entlassen worden war: »Verflucht seien die Österreicher, die uns gelehrt haben, dreimal täglich zu essen!«

Wenn gelegentlich der Ausdruck »Weltoffenheit« in Verbindung mit dem Menschen gebraucht wird, dann meint der Lernpsychologe damit vor allem, daß Menschenkinder über die Möglichkeiten verfügen, sich während des sogenannten Sozialisierungsprozesses die Spielregeln einer gegebenen Kultur anzueignen. Als biologische Wesen sind wir Menschen von Geburt an selbstverständlich auch Hunger, Durst, Schlafbedürfnis, Eliminationsdrang und anderen physiologischen Notwendigkeiten unterworfen. In unserer nervlichen Organisation liegen auch bereits die Voraussetzungen für die ersten Verhaltens- und Wahrnehmungsleistungen begründet: die Tendenz unserer Wahrnehmung, die Umwelt gemäß den Gestaltgesetzen zu strukturieren; die Käseglockenstruktur des psychischen Raumes, die uns Sonne und Mond im Zenit und am Horizont in jeweils anderer Größe wahrnehmen läßt – das sind nur einige Beispiele für solche ererbte Strukturen. Gegenüber diesem festen Hintergrund bleibt aber eine sehr große Variationsbreite des Verhaltens bestehen.

Das kleine Kind lacht die Mutter an, es reckt die Ärmchen nach ihr empor oder aber es schlägt auch nach ihr. Es spielt, es ist neugierig, es babbelt und tut vieles andere, ganz spontan, sozusagen als notwendige Mitgift für einen notwendigen Lernprozeß. Was jedoch vom Augenblick der Geburt an geschieht mit all den mitgebrachten Voraussetzungen, ist weitgehend das Ergebnis reaktiver und aktiver Auseinandersetzungen mit der Umwelt. Die Regelungsprozesse, welche die Dynamik des Wirkungsgefüges von nun an kontrollieren, spielen sich ab zwischen dem Kind, das agiert, und der Umwelt, die reagiert, und umgekehrt. Das Resultat ist die noch unbekannte, hypostasierte Umstrukturierung im Zentralnervensystem. Was hat die Lernpsychologie, im Gegensatz zur Ethologie, in diesem Zusammenhang etwa zur Aggressionsentwicklung zu sagen?

Ein kleines Kind kann auf eine Versagung u. a. dadurch reagieren, daß es wütend nach der Mutter schlägt. Eine solche Aggression ist reaktiv, sie ist in unserer Kultur weit verbreitet und ihre Erforschung hat lange Zeit ausschließlich das Feld beherrscht. Zum angeborenen Spontaninventar des Verhaltens gehören aber ebenfalls Verhaltensweisen, die wir aggressiv nennen: ein kleines Kind kann zum Beispiel durch »böses« Schreien seine Eltern tyrannisieren. Die Art, wie die soziale Umwelt auf das aggressive Verhaltensinventar eines lernenden Menschen reagiert, und die Vorbilder, die sie für aggressives Verhalten bereitstellt, bestimmen weitgehend Grad, Umfang und Intensität seines zukünftigen Aggressionsverhaltens und auch die Gelegenheiten, bei denen er sich aggressiv verhält. Gerade in den verschiedenen Situationen, in denen Aggressionsverhalten vom Individuum differenziert eingesetzt wird, zeigt sich der instrumentale Charakter des Aggressionsverhaltens. Daß man einen Menschen psychisch »kastrieren« kann, indem man systematisch alle aggressiven Verhaltensweisen unterdrückt, sei hier nur am Rande vermerkt, das gilt übrigens wahrscheinlich für alle Verhaltensbereiche, die ihre Wurzeln unmittelbar in unserer phylogenetischen Ausstattung haben, zum Beispiel auch für das Sprechverhalten.

Es wäre nun wünschenswert, wenn man eine kybernetische Analyse des Wirkungsgefüges, also der Wechselwirkungen von Spontanaktionen und ihren Konsequenzen, von gelernten und ungelernten Auslösern und ihren Reaktionen in Form von Flußdiagrammen mit einer Entwicklungsdimension darstellen könnte. Daß eine solche Beschreibung des Lernprozesses noch nicht zufriedenstellend realisiert worden ist, mag daran liegen, daß die Zahl der relevanten Variablen sehr groß ist, daß die genetischen Voraussetzungen unterschiedlich sind und auch noch keineswegs gut erforscht, und daß die ethischen Rücksichten, die die Humanpsychologie zu nehmen hat, obligatorisch sind. Trotz dieser Schwierigkeiten liegen zunehmend Indizien dafür vor, daß aggressives Verhalten beim Menschen eher nach einem solchen Lernparadigma mit Entwicklungsdimensionen vorhergesagt werden kann als etwa auf der Grundlage eines Instinktmodells, das von der Vorstellung ausgeht, daß sich ein Verhaltenspotential im Laufe der Zeit auflädt und dann abreagiert werden muß, unabhängig davon, welche Erfahrungen ein gegebenes Individuum in dieser Hinsicht bereits gemacht hat.

Konrad Lorenz, der ein solches Instinktmodell vertritt, hat allerdings einen sehr wichtigen Beitrag für die Lernpsychologie geleistet: er hat sehr deutlich auf die phylogenetische Herkunft des angeborenen Verhaltenskomplexes, den wir Aggression nennen, hingewiesen und das durch viele Beispiele belegt. Ohne eine solche Hilfestellung laufen phylogenetisch nicht selten etwas mangelhaft vorgebildete Lernpsychologen, besonders aus dem behavioristischen Lager, leicht Gefahr, angeborene Verhaltensweisen nicht als angeborene zu erkennen. Den berühmtesten Nachweis eines solchen Irrtums hat wohl der amerikanische Psychologe *Harry Harlow* geführt: *Harlow* hat an Rhesusaffen gezeigt, daß die Möglichkeit junger Rhesuskinder, eine tiefe Mutterbindung einzugehen, angeboren ist; die Etablierung einer solchen Bindung an die Mutter ist außerdem notwendig für jede vernünftige Weiterentwicklung des jungen Tieres. Vor diesen Erkenntnissen war unter Lernpsychologen die Ansicht weit verbreitet gewesen, daß die Mutterbindung eines Kindes ein sekundärer Lernprozeß sei, der durch die Verknüpfung der Mutter mit dem Füttern zustande komme.*

Als zweites Beispiel soll das Lernen des Sprechens erwähnt werden: Kybernetiker haben sich sehr eingehend mit der Sprache beschäftigt, auch mit dem Problem der maschinellen Sprachübersetzung und den Invarianzproblemen, die bei der Kommunikation mit Rechenanlagen erst noch gelöst werden müssen.

Angesichts der Äußerung des amerikanischen Sprachforschers *Lenneberg*, daß er von »Lernen« im Zusammenhang mit Sprache überhaupt nicht mehr reden will, weil dieser Ausdruck durch die Vielzahl miteinander unvereinbarer technischer Bedeutungen eines Haufens zänkischer *(jarring)* Psychologen verdorben sei, ist die Behandlung dieses Themas durch einen Psychologen allerdings ein Wagnis. *Lenneberg* hat aber recht: das terminologische Babel ist die Folge Tausender hochspezieller Lernexperimente und des Bedürfnisses vieler Forscher, ihre Prinzipien möglichst weit auszudehnen.

Trotzdem: um einmal die Variablen in den Griff zu bekommen, die auf dem Wege vom babbelnden Kind zum sprechenden Erwachsenen eine Rolle spielen, muß die Wechselwirkung von

* Allerdings haben weitere Versuche *Harlows* deutlich gemacht, daß Rhesusaffen, die an der Ausbildung ihrer Mutterbindung experimentell gehindert worden waren, daraus resultierende Störungen in der sozialen Kontaktfähigkeit später bis zu einem gewissen Grade *lernend* zu kompensieren vermochten, vor allem durch häufigen Kontakt mit gleichaltrigen Spielgefährten.

Spontanaktion, den Konsequenzen und der sozialen Nachahmung analysiert werden. Das in der Frage: »Wie geschieht eigentlich das Sprechenlernen?« liegende Problem wird deutlich angesichts der einander entgegengesetzten Ansichten *Skinners* und des amerikanischen Linguisten *Chomsky*. Der Streit geht darum, daß *Skinner* meint, Sprechen sei, gemäß den Lernprinzipien, erlernt, während *Chomsky* meint, Sprache beruhe auf einer angeborenen »Sprachkompetenz«.

Das Sprechen als Lautäußerung gehört natürlich zur angeborenen Verhaltensausrüstung. Verschiedene Laute reifen beim Kleinkind nacheinander heran und finden in seiner sozialen Umgebung Widerhall. Spontanaktivität, Lernvermögen, Art der Reaktionen und die Sprechkultur der Vorbilder modellieren nun aus dem Repertoire von Lauten Wörter heraus, die das Kind nun seinerseits wieder als Instrumente einsetzt. Aus den Konsequenzen — verbalen und nichtverbalen — bewertet es den jeweiligen Erfolg oder Mißerfolg. Die Wahrscheinlichkeit, daß bestimmte Wörter oder Sätze in bestimmten Situationen oder bei bestimmten Bedürfnissen wieder auftreten, ob und wie oft das Sprechen überhaupt instrumental zur Anwendung gelangt, und wie differenziert, wird bedingt durch das angedeutete Wirkungsgefüge. Die Schwierigkeiten, die sich bei solcher Sichtweise ergeben, werden häufig mit zwei Tatsachen in Verbindung gebracht:

1. das Kind lernt auch abstrakte Wörter, und
2. wenn das Kind sprechen kann, dann formuliert es, syntaktisch und semantisch korrekt, Sätze, die von ihm aus gesehen schöpferisch sind, das heißt, die es in dieser Form zum erstenmal gebraucht.

Daß ein Kind auch abstrakte Wörter lernt, ist verhaltenspsychologisch allerdings nicht notwendig problematisch. Ein Kind, das ein neues Wort hört, benutzt dieses Wort aktiv in allen möglichen Zusammenhängen und erfährt, eine entsprechend reagierende Umwelt vorausgesetzt, durchaus, ob sich die eigenen Assoziationen zu dem neuen Wort mit denen der Gesprächspartner etwa decken oder nicht. Allerdings kann beim bloßen Nachsprechen ein Wort auch ohne semantischen Inhalt bleiben.

Für die Tatsache dagegen, daß das Kind bald auch eigene Sätze formulieren kann, gibt es keine so parate Hypothese. Das soll uns aber nicht die Möglichkeit ausschließen lassen, daß auch hier eines Tages die Variablen eines dynamischen Wirkungsgefüges entdeckt werden, das damit experimenteller Nachprüfung zugänglich wäre. Grundfähigkeiten als »angeboren« zu bezeichnen hilft der Kybernetik des Lernens nicht, es drängt nur allzuleicht bislang unverstandene Tatsachen in einen Bereich, der sich einer Analyse gerne entzieht. Immerhin können schon dreijährige Kinder, wenn sie auf einer sogenannten »Sprechenden Schreibmaschine« schreiben und lesen gelernt haben, auch nachweislich unbekannte englische Texte (es handelt sich um amerikanische Kinder) nach Diktat orthographisch richtig schreiben. Diese offensichtlich vorhandenen subtilen Gesetzmäßigkeiten zwischen der englischen Sprech- und Schriftsprache haben die Kinder also gelernt, obwohl sie dem Linguisten noch weitgehend unbekannt sind oder, wie *G. B. Shaw* meinte, gar nicht bestehen. Angeboren ist die Fähigkeit, solche subtilen Gesetzmäßigkeiten zu entdecken, sie ist ein Aspekt der ererbten Anlage, sprachpotent zu sein und diese Potenz im kulturell-sozialen Miteinander aktiv zu realisieren; diese Fähigkeit hat kein Affe. Was sich von dieser Befähigung für ein Individuum jeweils realisiert, hängt ab von dem Wirkungsgefüge aus Reaktionen, Aktionen und Imitationen, mit dem der Mensch in dauernder Wechselwirkung steht. Im Sinne einer solchen Verhaltensanalyse aber sind die Ansichten von *Skinner* und *Chomsky* zwei Seiten derselben Münze.

Der eingangs geäußerte Pessimismus darüber, daß die Lernpsychologie über *akademisches* Lernen nicht viel zu sagen weiß, ist insofern berechtigt, als er die augenblickliche Situation widerspiegelt. Das besagt jedoch keineswegs, daß nichts von dem stimme oder brauchbar sei, was in sechs Dekaden an Wissen auf diesem Gebiet angehäuft wurde. Ehe aber ein Mensch zum akademischen Lernen kommt, ist er eben bereits so außerordentlich vielen Einflüssen ausgesetzt gewesen, daß sie sich nachträglich überhaupt nicht mehr erschöpfend diagnostizieren lassen. Für das gesellschaftliche Bedürfnis des akademischen Lernens hat sich daher eine Forschungsinitiative entwickelt, deren erklärtes Ziel es ist, in möglichst geringer Zeit, bei gegebenem Aufwand, ein Maximum an Informationszuwachs (also Wissensstoff) zu erreichen. Zu diesem Zweck wird man um ein differentialpsychologisches Vorgehen nicht herumkommen, denn für ein Lernen durch Belehrung und Erfassung sind die Voraussetzungen bei den einzelnen Individuen schon sehr heterogen.

Die Analyse der Dynamik des Wirkungsgefüges, das sich beim

Reagieren auf die Umwelt und beim Hineinagieren in die Umwelt entwickelt, ist ein Ziel der Kybernetik des Lernens, das allerdings noch in weiter Ferne liegt. Für eine solche Analyse ist aber unerläßlich die Kenntnis über jene Instanzen eines Lernsystems, die Umweltereignisse bewerten, damit überhaupt unterschiedlich modifizierende Wirkungen auf das Verhaltensinventar ausgehen können. Bisher noch nahezu unberührt von der Anwendung einer solchen kybernetischen Analyse ist eine weitere Haltung, die auch nur dem Menschen allein möglich ist: nicht nur an Bereitstehendes sich anzupassen, sondern dieses auch aktiv zu verändern — Gesellschaft, Recht, Wissenschaft, Kunst, Technik, Mathematik und Sprache aktiv und schöpferisch zu gestalten.

Haseloff: Es wäre vielleicht zunächst einmal darüber zu diskutieren, was die Kybernetik in bezug auf die Lernforschung leistet. Das scheint mir wichtig, weil die Deutung offener Systeme als adaptiv und lernend grundlegende Bedeutung für die Kybernetik hat. Wir haben andererseits gehört, daß die praktische Anwendung dieser Vorstellung in Lernexperimenten zu enttäuschenden Ergebnissen führt, was ich aus meiner eigenen Arbeit bestätigen kann. Dabei ist auffällig, daß eine unaufgeklärte Diskrepanz besteht zwischen der Fortschrittlichkeit der Kybernetik und der mangelnden Fortschrittlichkeit der Praxis, mit der Vertreter der kybernetischen Richtung Lernexperimente zu verwirklichen suchen. Es findet sich da eine Auffassung vom Lernen, wie sie die alte Assoziationspsychologie vertreten hat, ein reiner Verbalismus, der veraltet ist.
Hinzu kommt, daß kybernetische Lernforscher sich der von der Psychologie entwickelten Technik der programmierten Instruktion bemächtigt haben unter Verkennung der historischen Tatsache, daß Theorie und Technik der programmierten Instruktion schon vor dem Aufkommen der Kybernetik bestanden und unter Fehleinschätzung der Bedeutung, die die Lernforscher selbst dieser von ihnen erarbeiteten programmierten Instruktion gegeben haben.
Ich meine, daß es notwendig ist, daß innerhalb der kybernetischen Lernforschung einmal ein modernerer Aspekt des Lernens zum Tragen kommt, etwa in der Weise, wie es der Herr Kollege *Grossmann* vorgetragen hat: daß man Lernen als eine langfristige Anpassung des Gesamtverhaltens an äußere Umstände

auffaßt, die man sorgfältig differenzieren muß: einerseits von endogen bedingten Verhaltensänderungen, wie sie durch biologische Reifung aufkommen, und andererseits von kurzfristiger Anpassung an eine Situation. Das ist alles, ist aber innerhalb der kybernetischen Lernforschung nicht einmal im Ansatz realisiert.
Die ganzen Erfahrungen der Lernforschung müßten erst einmal in die Kybernetik aufgenommen werden – das wäre eine analoge These zu der, die ich in bezug auf die Motivation habe –, damit die Differenz zwischen dem öffentlich vertretenen Anspruch und den experimentellen Befunden verringert wird.

Bar-Hillel: Ich glaube, daß im allgemeinen die Philosophen ziemlich wenig zu diesen Fragen beizutragen haben. Trotzdem möchte ich eine philosophische Begriffsbildung anmelden. Es gab den britischen Philosophen *C. D. Broad*, der von *»second order dispositions«*, von Dispositionen zweiter (und höherer) Ordnung, gesprochen hat. Sprachbeherrschung ist zumindest eine Disposition erster Ordnung. Aber um Sprachbeherrschung zu lernen, dazu muß man eine angeborene Disposition zweiter Ordnung haben. Die Disposition, Sprachen zu lernen, ist die Disposition, eine weitere Disposition zu erlernen, infolgedessen also eine Disposition zweiter Ordnung. Was bei den Lerntheorien fast noch nie behandelt wurde, sind die Anfänge einer Hierarchie. Wir Menschen, vielleicht auch gewisse Tiere – sicher nicht alle –, haben eben die Möglichkeit, Lernen zu lernen. Das heißt, wir können lernen, wie man lernt. Es ist nicht ohne weiteres zu sagen, wieviel von dem, was wir in unserem Leben so gelernt haben, als ein Lernen erster Ordnung stattgefunden hat oder dadurch, daß wir erst einmal gelernt haben, wie überhaupt zu lernen ist. Pädagogen sprechen häufig davon, man solle den Schülern nicht Dinge beibringen, sondern sie unterweisen, wie sie lernen sollen. Ich habe schon viel über dieses Thema reden hören –

Haseloff: Ohne daß es in der Praxis auch so geübt wird!

Bar-Hillel: Und ohne daß die Lernpsychologie sich damit beschäftigt! Ich glaube, wer vom menschlichen Lernen spricht, ohne eine Disposition zweiter Ordnung in Betracht zu ziehen, setzt auf so niedrigem Niveau an, daß er es mit dem menschlichen Lernen gar nicht wirklich zu tun bekommt.

Aschoff: Sie sagten, daß eine Disposition zweiter Ordnung das ist, was man angeborenerweise voraussetzen muß.

Bar-Hillel: Ja, bei der Sprache! Die »*faculté de langage*«, von der *Saussure* gesprochen hat, ist nicht eine Disposition erster Ordnung. Was angeboren ist, ist nicht, daß wir Deutsch sprechen können, sondern wir sind mit der Fähigkeit geboren, Deutsch sprechen lernen zu können. Das ist eine Disposition zweiter Ordnung.

Aschoff: Dann ist es ebenso berechtigt, das Lernen des Lernens eine Disposition zweiter Ordnung zu nennen.

Bar-Hillel: Ja, ein Teil davon. Unsere Fähigkeit zu lernen, wie zu lernen sei, ist angeboren.

Aschoff: Ich sehe das als zwei verschiedene Dinge. Wie ich lerne, daß ich lernen kann, und die angeborene Fähigkeit zu lernen, das sind zwei verschiedene Dinge. Aber Sie nennen beides Dispositionen zweiter Ordnung. Deswegen wollte ich wissen, ob Sie dabei bleiben.

Haseloff: Eine große Schwierigkeit besteht hier aus folgendem Grund: Die verschiedenen Lernforscher haben sehr verschiedene Verhaltensweisen und Verhaltensänderungen untersucht und immer die gleiche Bezeichnung »lernen« verwendet. Man hat öfter das Problem diskutiert, ob man nicht die verschiedenen Untersuchungsgegenstände der Deutlichkeit wegen mit verschiedenen Namen belegen sollte. Die Lernforscher haben Verhaltensänderungen besonders bei Tieren untersucht und teilweise auch bei kleinen Kindern. Die Arbeiten von *Pawlow* aber tragen zum Beispiel wenig bei zum Verständnis der sozialen Verhaltensweisen von Menschen – sie tragen einiges bei, aber nicht viel.
Das Schullernen – das die Pädagogen und die pädagogischen Psychologen schon früh untersucht haben aufgrund sehr unzureichender theoretischer Modelle – ist eigentlich ein anderer Gegenstand. Was die Psychologie heute am stärksten interessiert, nämlich das Lernen problemlösenden und schöpferischen Verhaltens, ist eine dritte, ganz anders strukturierte Angelegenheit. Es ist also problematisch, in beiden Fällen dieselben Begriffe zu verwenden. Denn das verwischt die Tatsache, daß es

sich hier jeweils um ganz andere Strukturen und strukturelle Komplexitäten handelt.
Die Fähigkeit zu lernen kann man praktisch gleichsetzen mit Intelligenz. Jedenfalls verstehen Psychologen unter »Fähigkeiten zu lernen« zu 99,5 % dasselbe wie unter Intelligenz.
Die sekundären Dispositionen spielen indes auch eine große Rolle. Hier ist darauf zu verweisen, daß sie relativ unabhängig von der Fähigkeit zu lernen individuell variieren. Das heißt, daß zum Beispiel die vorgegebene Kapazität, Sprache zu lernen, in starkem Maße von Motivationen abhängt, von Lebensumständen usw., so daß sie variieren kann gegenüber der allgemeinen Fähigkeit zu lernen, Probleme zu lösen.

Mittelstaedt: Ich möchte an die Ausführungen von Herrn *Bar-Hillel* anknüpfen, an die Disposition erster Ordnung. Nehmen wir einen Thermostaten. Er »weiß«: wenn die Zimmertemperatur hochgeht, dann muß er abdrehen und nicht umgekehrt. Der englische Neurologe *Ashby* hatte aber das Konzept eines Apparats, dem das Vorzeichen nicht einprogrammiert ist, sondern der jeweils erst lernen muß, wie er reagieren soll. Meine Frage ist nun: Wie wird eine solche Disposition zweiter Ordnung erstellt? Wie lernen wir das richtige Vorzeichen? – Das geschieht im einfachsten Falle so, wie Herr *Großmann* es andeutete: Wir belohnen, wenn etwas richtig gemacht wird, und wir bestrafen, wenn es verkehrt geschieht. Das setzt aber schon wieder eine Disposition dritter Ordnung voraus. Denn die Frage ist dann ja: Woher weiß der Apparat, ob dies für ihn eine Belohnung und jenes andere eine Bestrafung ist? Da tritt das eigentliche Problem auf. Es gibt eine Reihe von Leuten, die meinen, auch das könne durch Versuch und Irrtum gelernt werden. Die Frage ist aber, ob das tatsächlich möglich ist. *Lorenz* hat es zum Beispiel immer bestritten.
Schauen wir die Disposition dritter Ordnung an. Wie soll ein Apparat lernen zu wissen, daß die Belohnung eine Belohnung und die Bestrafung eine Bestrafung ist? Wenn zum Beispiel ein Kind auf Belohnung so reagierte wie normale Kinder auf Bestrafung, dann wäre dieses Kind zum Untergang verurteilt. Diese Möglichkeit faßt *Lorenz* ins Auge; denn das ist in der stammesgeschichtlichen Entwicklung so geschehen. Diejenigen, die auf Belohnung nicht so reagieren, wie sie reagieren sollten, gehen zugrunde. Die Frage ist aber, ob das im Prinzip nicht auch in der Ontogenese möglich ist. Können wir uns darüber

einig werden: Gibt es eine Möglichkeit, einen Automaten zu konstruieren, der Belohnung in seinem Individualleben so lernen kann, daß er weiß, ob sie richtig gegeben wurde?

Haseloff: Das Allgemeine dessen, was Sie ausführen, halte ich für sehr wichtig, nämlich, daß erlernte Bewertungsfunktionen eine wichtige Rolle spielen, um die Richtung des Lernprozesses zu steuern. So zeigen zum Beispiel Gratifikation und Bestrafung unterschiedliche Formen der Einwirkung auf den Lernprozeß. Das hat folgenden Grund: Durch Bestrafung lernt der Organismus nur, wie er es nicht machen soll, ohne daß er die Richtung des richtigen Verhaltens erwirbt, während er durch Gratifikation lernen kann — nicht muß —, welches Verhalten richtig ist.

Aschoff: Herr *Mittelstaedt* meint: Wenn ich voraussetze, daß der Automat weiß, jetzt sei er bestraft worden — daß dies ihm also unangenehm ist —, dann wäre das Problem einfach. Setzt man voraus, daß bei Lebewesen ein solches Verhalten phylogenetisch entstanden ist, so leuchtet das ein. Herr *Mittelstaedt* fragt aber weiter, ob auch ein Einzelwesen — hier ein Automat — lernen könne, ob dieses eine Belohnung oder jenes eine Bestrafung ist.

Schaumann: Es gibt Beispiele, die die Ansicht von einer phylogenetisch erworbenen, angeborenen Bewertung stützen, nämlich Menschen, die ohne Schmerzempfindung geboren werden — und die mit zahlreichen Brandnarben bedeckt sind.

Haseloff: Ich glaube, wir sollten uns davor hüten, Begriffe wie Belohnung und Bestrafung zu übertragen auf den Bereich der Verhaltensanpassung und des Lernens, wie sie sich unter natürlichen Umständen vollziehen. Belohnung und Bestrafung sind Begriffe, die entweder experimentelle Anordnungen voraussetzen oder einen kulturellen Rahmen. Diese Begriffe auszudehnen auf Faktoren, durch die Tiere im Laufe der Entwicklungsgeschichte ihr Verhalten ändern, schiene mir völlig falsch.

Steinbuch: Mir scheint, wir bauen hier ein kompliziertes Problem über einer einfachen Sache auf und finden so Dispositionen erster, zweiter, dritter und vierter Ordnung. Ist es nicht genau umgekehrt: Damit das Kind überhaupt zu existieren vermag, muß es mit der vierten Ordnung anfangen, und diese ist physiologisch fest vorgegeben.

Aschoff: Ich frage mich: ist diese Meinung richtig? Wir glauben, daß das tatsächlich so ist. Aber auch Herr *Mittelstaedt* hat gefragt, ob nicht auch etwas anderes denkbar wäre, ob ein Apparat nicht ohne Vorprogrammierung lernen könne, was Belohnung oder Bestrafung ist.

Zemanek: Sie haben die Frage gestellt, wieweit das an Automaten versucht wurde. Es gibt die Programme von Herrn *Friedberg.* Er hat versucht, Lernprogramme in Gang zu setzen mit einem Minimum an Voraussetzung, ohne die hierarchische Gliederung, von der Sie gesprochen haben. Die Konsequenz davon ist, daß er für eine ganz simple Lernerkenntnis — wenn ich es so nennen darf — 50 Millionen Schritte braucht.

Haseloff: Das ist eben unrealistisch.

Zemanek: Völlig unrealistisch! So geht es in Wirklichkeit nicht. Der quantitative Beweis ist damit erbracht worden, daß es so nicht geht. Die Programme sind so lange gelaufen, daß unsere Firma die Unterstützung eingestellt hat.

Kaufmann: Lernen setzt eigentlich wechselseitige Abgestimmtheit von Umwelt und Subjekt voraus, setzt voraus, daß die Umwelt in einer für das Subjekt sinnvollen Weise straft und belohnt. Wir haben sehr viele Beispiele von Kindern, die in unglücklichen Familienverhältnissen aufwachsen, wo Belohnung und Strafe durch die Mutter völlig willkürlich erfolgt. Die Mutter straft, wenn sie schlecht gelaunt ist, und sie belohnt, wenn sie gerade einmal guter Laune ist. Bei diesen Kindern treten erfahrungsgemäß so schwere psychische Störungen auf, daß sie später entweder kriminell werden oder keinen echten Lernvorgängen mehr zugänglich sind.

Schiemann: Es ist natürlich die Frage, ob nicht irgendwie die Natur schon beim Regenwurm in sehr praktischer Weise angefangen hat, ihm etwa ganz dumpfe Unlustgefühle zu geben, wenn man ihn peinigt. Es könnte also schon auf dieser Ebene anfangen, daß so in seinen Lernprozeß eingegriffen wird. Es ist für mich immer wieder die Frage, ob dieser Versuch, den wir hier machen — Lebensvorgänge mit Apparaten nachzubilden —, tatsächlich geht.

Haseloff: Lust- und Unlustgefühle von Regenwürmern lassen sich ohne erhebliche technische Schwierigkeiten in ein altes Modell einbauen.

Mittelstaedt: Es ist sicher, daß man Lust und Unlust durch entsprechende Parameter ersetzen kann. Wenn der Regenwurm in eine ihm schädliche Situation gerät, wenn ihm etwas zu heiß ist, wird er sich zurückziehen. Man muß dafür sorgen, daß sein Regelmechanismus ein solches Vorzeichen bekommt – aufgrund dieser Disposition zweiter Ordnung —, daß in sehr verschiedenen Situationen, wo er etwas Schädliches vermeiden soll, ihn die »Unlust« dazu bringt, sich richtig zu verhalten.

Haseloff: Der Begriff »Lernen«, auf diese Orientierungsreaktion angewendet – selbst das Wort »Orientierung« ist hier noch nicht einmal richtig —, führt zu einer Konfusion der Strukturierung der Lernprozesse, weshalb man diese Art Reaktionen aus der Erörterung von »Lernen« herausnehmen muß. Es ist ein in der Struktur des Nervensystems angelegtes, unreflektiertes Antworten — der Name, den Sie geben wollen, ist nicht wichtig — auf einen gegebenen Reiz. Wenn wir das aber auch schon Lernen nennen wollen, dann verschütten wir uns alle Voraussetzungen, wirkliche Lernvorgänge überhaupt zu verstehen. Denn dann stellen wir uns die neuronale und hirnphysiologische Modellbildung für die komplexen Formen des Lernens bereits derart einfach vor, daß wir gar keine Hoffnung haben können, überhaupt zum Verständnis komplexer Lernprozesse zu kommen.

Bar-Hillel: Was sagen die Kybernetiker über die Möglichkeit, die dritte, vierte oder fünfte Disposition in eine Maschine hineinzusimulieren? Kann eine Maschine generell lernen, wie man Probleme bestimmter Art angreift, um zu versuchen, sie zu lösen? Oder ist das zu kompliziert? Sie wollen das unterste Niveau ablehnen. Vielleicht dürfen wir aber dieses hohe Niveau auch nicht ernst nehmen, weil es zu hoch ist – vielleicht!

Haseloff: Wenn man problemlösendes Verhalten beim Menschen studiert, dann findet man, daß es ungefähr fünf bis sechs Techniken der Problemlösung gibt, die gelernt werden.

Der erste Typus des problemlösenden Verhaltens beim Menschen ist zweifellos gelernt. Als erster Lernschritt wird hier gelernt, ein Problem, das auftritt, einer bestimmten Kategorie von Problemen zuzuordnen, aufgrund von Indikatoren. Dadurch wird dieses Problem ein Problem bestimmter Art.

Bar-Hillel: Sind die Indikatoren angeboren, einprogrammiert oder gelernt?

Haseloff: Vollständig gelernt! Das ist der erste Typus des Lernens von problemlösendem Verhalten.

Großmann: Ehe ein Individuum in der Lage ist, neue Probleme in eine bestimmte Kategorie von Problemen einzuordnen, muß es doch erst einmal diese Kategorie haben. Wie erwirbt es sich aber diese Kategorie?

Haseloff: Schöpferische Menschen unterscheiden sich von den nichtschöpferischen Menschen dadurch, daß sie in ihrem Verhalten eine Stufe der Problematisierung durchlaufen. Die Struktur schöpferischen Verhaltens umfaßt etwa folgende Stufen:
1. Informationssammlung.

Aschoff: Reine Speicherung!

Haseloff: Ja, reine Speicherung, und zwar über das Maß hinaus, das unmittelbar praktisch anwendbar ist. Die Mehrzahl der Menschen behält im wesentlichen ja nur das, was immer wieder praktisch angewendet wird, während sie anderes vergißt. Menschen, die zu problemlösendem Verhalten fähig sind, speichern aber weit mehr als erforderlich ist, also gewissermaßen auf Vorrat.

2. Prozesse auf Gebieten und Problemfeldern, auf die dann später das problemlösende Verhalten anwendbar ist. Einer dieser Prozesse ist der Transfer, ein zweiter ist Generalisierung usw.
Es erfolgt also eine Katalogisierung in Problemtypen. Dann wird der Speicher auf der Suche nach Lösungstechniken abgetragen, die spielerisch experimentell angewendet werden, und zwar in einer Phase, in der der Mensch, der das Problem löst, sich nicht explizit damit beschäftigt; sondern das vollzieht sich,

ohne daß er es merkt. Schließlich tritt dann eine bewußte Problematisierung auf. Es gehört nun zum schöpferischen Verhalten, daß sich die Betreffenden stark distanzieren — und das geschieht unter Furcht und starkem Unsicherheitsgefühl — von den gelernten Lösungsmustern für Probleme dieser Art, die die Gesellschaft nahelegt. Das wäre eine Stufe, die wir heuristische Regression nennen. Die nächste Stufe ist dann die Elaboration. Es wird der Versuch gemacht, die mögliche Lösung zu verbalisieren.
Das geschieht in einer Art Privatsprache oder in Privatmodellen, die oft nicht sehr weit entfernt sind von den Privatmodellen von Verrückten. Die nächste Stufe aber ist nun die der sozialen Anpassung der Lösung an — sagen wir: den Auftraggeber oder diejenigen, die das Problem stellen. In einer noch weiteren Stufe erlernt der Betreffende dann auch, seine Problemlösung anderen zu erklären.

Bar-Hillel: Was hat der Kybernetiker dazu zu sagen?

Zemanek: Es gibt das Beispiel des »*General Problem Solvers*« von *Newell, Simon* und *Shaw*. Dort ist genau die gleiche Schwierigkeit eingetreten, daß nämlich die nächst höhere hierarchische Stufe nicht zur Verfügung stand, so daß sich die Programme in sich selbst verloren. *Newell* hat dann den sogenannten »Reisenden« erfunden; ich weiß allerdings nicht genau, wie weit dieses Konzept ausgeführt wurde. Es geht dabei um ein Unterprogramm, das die Verbindung herstellen soll zwischen den lokalen Algorithmen, die an Ort und Stelle ausgezeichnet waren, aber für die Gesamtfrage irrelevante Ergebnisse lieferten, und dem obersten Steuerungsprogramm, das bei komplexen Aufgabenstellungen keine Übersicht über die lokalen Vorgänge mehr hatte. Der »Reisende« überprüft die lokalen Vorgänge und bringt ausgewählte Zwischeninformation ins Hauptprogramm, um diesem die Übersicht zu gewährleisten. Meines Wissens ist das »Reisenden«-Konzept fehlgeschlagen, vermutlich eben weil die Hierarchie des Systems unzulänglich ist.
Das Beispiel verallgemeinert führt zu der Schlußfolgerung, daß der Kybernetiker zu dieser Frage nichts beitragen kann. Die von Herrn *Bar-Hillel* angedeutete Problematik der Vielschichtigkeit ist für die einfachen Programme heutiger Automaten unzugänglich. Was bisher realisiert wurde, sind primitive Zuordnungen, einfache Wahrscheinlichkeitsübergänge, die dann als Lernvor-

gang bezeichnet wurden. Wenn hier überhaupt ein Fortschritt denkbar ist, dann nur durch eine zweckmäßige Programmierungssprache, eine Programmierungssprache, mit deren Hilfe man diese Zusammenhänge in den Griff bekommen könnte.

Nun sind die Programmierungssprachen augenblicklich in einer Krise, über die ich später – in meinem Vortrag – sprechen möchte. Jedenfalls ist im Augenblick keine Programmierungssprache vorhanden, die die Anforderungen dieser Art von Kybernetik in irgendeiner Weise erfüllt. Die meisten einschlägigen Programme werden aus Verzweiflung im Maschinencode geschrieben. Das ist wenig flexibel. Echte Flexibilität haben wir nur für die numerische Analysis und vielleicht für einige wenige andere Gebiete erreicht, nicht aber für derartig allgemeine Fragestellungen. Dafür gibt es noch keine Ausdrucksmittel und daher keinen kybernetischen Fortschritt.

Steinbuch: Ich kann die pessimistische Prognose von Herrn *Zemanek* nicht akzeptieren. Man sollte das Problem der Problemlösung etwas ursprünglicher fassen, sollte weiter unten anfangen. Dann kommt man wahrscheinlich weiter nach oben. Wenn man einen allgemeinen Problemlöser bauen möchte, stößt man zunächst auf die Schwierigkeit, auf die *Bar-Hillel* seinerzeit schon hingewiesen hat: daß es kein Axiomsystem gibt, das einen Weg zu einem allgemeinen Problemlösungssystem zeigt. Die Vorstellung von einem Automaten, der programmiert wird und der dann in der Lage ist, jedes Problem zu lösen, scheint nicht realisierbar zu sein. Beim *heutigen Stand* unserer Einsichten!

Man muß wohl tatsächlich anders vorgehen. Wir haben in der letzten Zeit in unserem Karlsruher Institut ein paar Gedanken entwickelt, die uns vielleicht über gewisse Schwierigkeiten hinwegbringen können. Es ist ganz klar, daß wir nicht von einer Totalprogrammierung dieses Systems ausgehen, sondern daß wir uns vorstellen, wir haben einmal unsere Außenwelt und dann unser Subjektsystem. Beide können sich durch bestimmte Eingriffe gegenseitig verändern. Das Subjektsystem hat die Möglichkeit, Eingriffe in der Außenwelt vorzunehmen, und die Außenwelt gibt gewisse Rückmeldungen, die als Beobachtungen der Außenwelt realisiert werden. Das Spiel beginnt so, daß das Subjektsystem mit beinahe totaler Unkenntnis der Außenwelt beginnt. Es verändert aber in bestimmter Weise die Außenwelt, registriert die nachfolgenden Veränderungen — wobei wir mindestens im ersten Ansatz unterstellen müssen, daß die Außenwelt ungestört (determiniert) ist – und baut sich so im Laufe der Zeit ein internes Modell der Außenwelt auf. Es baut dieses interne Modell auf in Form einer Automatentafel im Sinne der Automatentheorie, das heißt, es beschreibt die Außenwelt als Automaten. Damit wird etwas geleistet, was Herr *Bar-Hillel* als ein Lernen ersten Niveaus bezeichnet.

Mittelstaedt: Sie haben das Ding noch nicht gebaut? Es ist ein theoretisches Modell?

Steinbuch: Auf einem Computer simuliert!

Mittelstaedt: Das, was Sie Subjekt nennen, ist ein Automat, der fest eingegebene Eingänge verarbeitet?

Steinbuch: Er ist simuliert. Wir haben mit ihm ohne Veränderung seiner Programmierung zum Beispiel folgendes Problem gelöst: Suche den besten Weg von diesem Punkt zur Technischen Hochschule in Karlsruhe! Die möglichen Wege sind gegeben aus dem Stadtplan. Das ist eine der Aufgaben, bei der wir ohne spezielle Angaben eine Lösung bekommen.

Mittelstaedt: Aber wenn er in eine Sackgasse reinläuft – ist ihm dann gesagt, daß er umkehren darf?

Steinbuch: Das, was Herr *Bar-Hillel* als Lernen ersten Niveaus bezeichnete, würde er ohne weiteres leisten. Nur müßte man beim Bau ihm dann eingeben, daß ein Anstoßen in einer Sackgasse zu vermeiden ist – und eben noch einige andere Spielregeln. Dabei entspricht die Sackgasse der Bestrafung, und das Fortschreiten zum Ziel der Belohnung. Derartige Kriterien müssen diesem Subjektsystem gewissermaßen »angeboren« eingegeben werden.
Sicher ist, daß wir, um dieses Lernen ersten Niveaus zu realisieren, eine gleichsam angeborene Reaktion einbauen müssen. Ich teile aus ganz anderen Überlegungen heraus die Ansicht von *Konrad Lorenz*, daß jedes lernfähige System derartige Reaktionen in sich enthalten muß. Das ist meines Erachtens aus logischen Gründen notwendig. Die entscheidende Frage, an der wir zur Zeit arbeiten, ist die: Kann dieses System nicht nur lernen, sondern auch das Lernen erlernen? Das erscheint mir durchaus

nicht unmöglich zu sein. Wir haben gegenwärtig ein paar Prozeduren in Arbeit. Ich bin daher nicht in der glücklichen Lage, Ihnen bereits Ergebnisse vortragen zu können, aber ich bin durchaus optimistisch und widerspreche der Behauptung, daß ein Erweis erbracht worden sei, dies sei unmöglich. Ich will kurz andeuten, welcher Art diese Ansätze sind: Wir haben durch das Subjektsystem die Außenwelt allmählich beschrieben in Gestalt der Automatentafel im Subjektsystem. Das ist das, was wir kurz als internes Modell der Außenwelt bezeichnen. Dieses interne Modell der Außenwelt ist zu Beginn aber eine *tabula rasa*. Erst im Laufe der Zeit füllt sich diese Automatentafel, das heißt das Subjektsystem erwirbt Wissen. Nun ist die Frage: Können wir bei partieller Füllung dieses internen Modells Spielregeln finden, die es in Zukunft ermöglichen, die neuen in der Automatentafel zu fixierenden Einsichten schneller zu finden? Das wäre das, was Sie als Lernen zweiter Ordnung bezeichnen: eine Methodik, die weitere Füllung der Automatentafel nicht mehr in der primitiven Form von Versuch und Irrtum mit der Außenwelt zu besorgen, sondern Gesetze zu finden, nach denen diese Füllung schneller erreicht wird.

Bar-Hillel: Eine wichtige Stufe der Problemlösung ist die Umformulierung der Daten. Für alle interessanten Probleme ist unter anderem eine Umformulierung eines Teils der relevanten Daten notwendig. Doch da stellt sich die Frage: Welche Daten sind überhaupt relevant? Die minimalen Ansätze zur Beantwortung dieser Frage, die ich kenne, sagen mir noch längst nicht, wie man in einen Computer Beurteilungsmöglichkeiten für die eventuelle Relevanz gewisser Daten einbringen könnte, die in einem Speicher für ein bestimmtes Problem gespeichert sind. Und selbst wenn man sogar irgendwie ausgeknobelt hätte, was relevant sein dürfte: Wie soll der Automat die Daten umformulieren? Das muß dann nämlich im allgemeinen gemacht werden, denn erst mit umformulierten Daten kann weitergearbeitet werden. Nun ist das aber wieder eine Problemlösung besonderer Art. Es handelt sich hier jetzt ja nicht um eine Art Spiegelung, um eine modifizierende Wiedergabe von Strukturen der Außenwelt, die vorgegeben sind und umformuliert werden, sondern es muß vielmehr in diese uns strukturell gewöhnlich in bestimmter Weise erscheinende Außenwelt eine völlig neue Struktur hineingetragen, die Außenwelt gewissermaßen geändert werden. Also eine Umkehrung: nicht mehr Gewinnung der Daten von der Außenwelt her und ihre Verwandlung in Begriffsstrukturen, sondern Zuordnung der Daten der Außenwelt an eine in sie hineingetragene neue Begriffsstruktur. Wie wir wissen, werden Probleme der schwierigsten Art nur durch Schaffung ganz neuer Theorien gelöst. Ich frage daher ernsthaft: Ist es möglich, daß wir im Mittelschulalter, vielleicht schon im Volksschulalter erreichen, daß Kinder von 6 bis 7 Jahren, vielleicht sogar schon früher, echte Probleme lösen aufgrund von Methoden, die wir ihnen beibringen? Es müßten dies Methoden sein, gar nicht so weit entfernt von denen, die zur Lösung von Problemen auf höchster Stufe angewandt werden. Die Stufe könnte sogar vielleicht dieselbe sein, nur in der Komplexität hätte ein Unterschied zu bestehen.

Großmann: Ich bin von der Umwelt ausgegangen. Ich habe nicht viel ausgesagt über das, was im Organismus vorgeht. Wir wissen, welche Taktiken wir schon kleinen Kindern vermitteln können, das heißt welche Möglichkeiten wir den kleinen Kindern geben können, um Taktiken zu entwickeln, damit sie später über die Sprache solche komplizierten Sachverhalte tatsächlich erobern. Zum Beispiel besteht ein himmelweiter Unterschied zwischen einem vierjährigen Kind, das bereits die Taktik gelernt hat, nach der Definition von Wörtern zu fragen — das kann nämlich ein vierjähriges Kind —, und einem anderen vierjährigen Kind, das bei gleicher Intelligenz diese Taktik nicht gelernt hat. Wenn diese beiden Kinder fünf Jahre alt sind, ist deren Verhalten in sprachlicher Hinsicht und auch in anderen Dingen schon merkbar unterschiedlich, einfach durch die unterschiedliche Strategie, die sie gelernt haben. Aber die Strategie hat man ihnen nicht beigebracht, indem man die Kinder in die Schulbank gesetzt und ihnen gesagt hat, sie sollten aufpassen und auf die Tafel schauen, weil man jetzt die Strategie aufmale, sondern dadurch, daß das Kind irgendwann einmal im Verlaufe von anderen, irrelevanten Verhaltensweisen darauf gestoßen ist und nun plötzlich etwas erfahren hat, was es erfahren wollte. Die Strategie wurde ihm beigebracht nicht dadurch, daß man es wie eine Taube mit einem Krümel Futter belohnt hat, sondern dadurch, daß es mit diesem neuen Sachverhalt etwas anfangen konnte. Das ist eine Belohnung ganz anderer Art als ein paar Körner Futter. Für diese Strategie ist das vier-, fünfjährige Kind schon recht gut disponiert, und vorausgesetzt, daß die Umwelt die Möglichkeit zur Anwendung gibt, wird es sich diese

Strategie vielfach im Laufe seines Neugierverhaltens und seiner Exploration erobern.

Haseloff: Es ist richtig: Was die Kinder da lernen, ist wirklich Strategie, das heißt ein Regelsystem zur alternativen Bewertung. Das erklärt auch die Tatsache, warum Kinder aus bestimmten Familien sehr früh zu problemlösendem Verhalten kommen. Wir bringen aber die Kybernetik in eine ungünstige Lage, wenn wir ihr die Aufgabe stellen, ein Modell zu entwickeln für komplexe Formen problemlösenden Verhaltens, während wir dieses problemlösende Verhalten selbst noch nicht vollständig verstanden haben.

Steinbuch: Sind Sie der Auffassung, daß dieser unbefriedigende Zustand aufgrund irgendeiner Sacheinsicht notwendigerweise für lange Zeit andauern wird? Oder halten Sie es für möglich, daß wir durch neuere Einsichten in Zukunft wesentliche Fortschritte machen?

Bar-Hillel: Ich habe nicht die geringste Ahnung, wie neue Einsichten aussehen sollten. Ich will nicht sagen, daß nicht irgendein ungeheuer neuer Einfall von irgend jemandem eines Tages die Sache ändern könnte. Ich habe aber nicht die geringste Ahnung, wo ich diese neue Einsicht zu suchen habe. Ich glaube auch nicht, daß augenblicklich jemand anders irgendeine Ahnung hat, wo er diese neue Einsicht gewinnen soll. Aber ich bezweifle nicht, daß sie irgendwann einmal kommen könnte.

Steinbuch: Sie sagen also: Ich bin hinsichtlich dieser Entwicklung offen. Es kann so oder so laufen.

Bar-Hillel: Nein, etwas mehr: Ich weiß nicht, wo ich suchen soll!

Steinbuch: Das ist ganz normal für Situationen, in denen man die zukünftige Entwicklung nicht übersehen kann. Sie ist aber sicher nicht durch logische Überlegungen auf diesem Niveau eingeschränkt.

Mittelstaedt: Gehen wir noch einmal zurück zu dem Problem der Stufen, die benutzt werden. Wir haben als einfachste Stufe die Maschine von Herrn *Steinbuch*, die etwa regelt, daß sie in der Sackgasse umkehren muß. Die nächste Stufe wäre, daß Maschinen verschiedene Sätze von Regeln haben. Eine Maschine kann dann erfolgreicher sein als die andere. Die Maschinen brauchen nur viel Platz und Zeit zum Ausprobieren dieser Regeln. Und dadurch ist die nächste Stufe festgelegt. Der Erfolg am Ende ist, daß eine Maschine, wenn sie die beste Regel gefunden hat, diese beibehält.

Bar-Hillel: Sie meinen also Regeln, die den Speicherinhalt reformulieren sollen, die also sprachbeherrschend sind in einem Maße, das heute noch nicht erreicht ist.

Mittelstaedt: Wir wollen vorerst nur sehen, wie ein System funktioniert, das zunächst nicht umformulieren soll, sondern eine Reihe verschiedener vorgegebener Sätze von Regeln hat und mit diesen Sätzen von Regeln operiert.

Haseloff: Diese Stufe hat mit problemlösendem Verhalten nichts zu tun. Es ist zwar richtig, daß das, was Sie eben schilderten, ein wichtiger Typus des Lernens ist, nur besteht die Schwierigkeit, daß gerade das problemlösende Verhalten durch dieses Lernen gestört wird. Gelernt wird hier nämlich nur ein richtiges Verhalten für bestimmte Bereiche.
Beim problemlösenden Verhalten aber besteht gerade die Schwierigkeit, daß ich das, was ich gelernt habe, um der Lösung eines Problems willen aufgeben muß.

Mittelstaedt: Das ist doch in der zweiten Stufe schon drin. Der Apparat hat auf der ersten Stufe einen Satz von Regeln, den man für ihn macht. Die nächste Stufe aber sieht mehrere Sätze von Regeln vor. Die Maschine muß jetzt lernen, diese Regelsätze zu kategorisieren, um zu sagen: dieser Satz ist sehr erfolgreich, der andere weniger. Man könnte das mit dem Stadtplan von Karlsruhe versuchen, nun angewendet auf die Situation der Planung einer Untergrundbahn, bei der der Weg unter der Erde zu finden ist. Für diese Ausnahmesituation gilt ein anderer Satz von Regeln. Die müßte der Apparat jetzt lernen.

Bar-Hillel: Ich weiß, daß es in Amerika schon erste Ansätze gibt — wir wären dann auf der dritten Stufe —, gespeicherte Informationen in einer gewissen Richtung umzuformulieren. Es gibt also Ansätze zur Fällung von Relevanzurteilen — besser: Ansätze zu Ansätzen.

Zemanek: Herr *Bar-Hillel,* ich wäre vorsichtig mit der dritten Ebene. Was wirklich geschieht, ist, daß in irgendeiner Konstellation Gewichte verändert werden. Und das ist eigentlich immer noch die erste Ebene.

Schiemann: Können sich die Maschinen nicht Hypothesen erwürfeln und ausprobieren?

Steinbuch: Sehr gut!

Bar-Hillel: Aus einem vorgegebenen Hypothesenvorrat?

v. Randow: Ich glaube, Sie kommen über diese Stufe nicht hinaus, solange Sie sagen, Sie haben eine Anzahl von verschiedenen Strategien, unter denen die Maschine wählen kann. Da wird nur das ursprüngliche Problem, das Professor *Steinbuch* schon gelöst hat, noch einmal gelöst. Auch wenn man einen Zufallssignalerzeuger hätte, von dem jedes Signal eine Strategie ist, und die Maschine zunächst aus dem Zufallsgemisch etwas auswählt und probiert und prüft, ob es Erfolg hat oder nicht, selbst dann sind Sie immer noch auf der gleichen Stufe. Ich glaube, erst wenn die Maschine die Umformulierung der Strategie, das heißt das Rohmaterial, aus dem sie die ursprüngliche Strategie aufgebaut hat, neu verwendet, um eine neue Strategie zu errichten, dann liegt erst wirklich die zweite Stufe vor.

Steinbuch: Wir können dieses Übergehen von der einen Stufe zur anderen vielleicht an einem einfachen Beispiel studieren. Wir kennen alle die Labyrinth-Modelle von *Shannon,* der das erste gebaut hat, und anderen, zum Beispiel von Herrn *Zemanek.* Man gibt einem mechanischen Gerät einen Schachbrettkasten, in dem Schranken eingebaut sind. Es soll der Weg durch dieses Labyrinth von einem Anfang bis zu einem Endpunkt gefunden werden. Dieses Gerät sucht mittels Versuch und Irrtum den Weg. Das wäre ein Vorgang des Lernens auf der niedrigsten Ebene, wenn auch ein besonders anschaulicher Vorgang dieses Lernens.
Wir haben hiervon eine Variante gebaut. Wir haben bei diesem labyrinthdurchlaufenden Gerät ein »Gedächtnis« angeschlossen,

einen Speicher. Wir haben diesem wegesuchenden Gerät zeitlich nacheinander verschiedene Varianten eines Labyrinths vorgelegt und jedesmal den optimalen Weg im Speicher abgespeichert. Nun hatte nach einer gewissen Zeit von Versuch und Irrtum das Gerät das »Wissen«: Es gibt Labyrinthvarianten dieses Typs, wo ich den einen Weg habe, und solche anderen Typs, wo der Weg anders ist, usw. Nennen wir diese Wegbeschreibung großzügig eine »Strategie«; es ist nur eine Benennung. Wenn wir nun diesem Gerät eine neue Labyrinthvariante vorgelegt haben, dann hat es etwas Eigentümliches gemacht. Es begann nicht mehr in Versuch und Irrtum alle Möglichkeiten durchzuspielen, sondern es hat nur den ersten Schritt nach Versuch und Irrtum gemacht. Dadurch wurde schon eine Anzahl von Möglichkeiten ausgeschlossen. Dann hat der Automat »gewußt«: Jetzt kommen zum Beispiel nur noch sieben Strategien (von ursprünglich vielleicht zwanzig) in Frage. Dann hat er den zweiten Versuch gemacht. Durch den zweiten Versuch wurden alle Strategien bis auf zwei ausgeschlossen. Nach dem dritten Versuch war dann nur noch eine Strategie da – und prompt ist der Apparat mit dieser einzigen, eindeutig ausgewählten Strategie losgeschossen.
Wir müssen natürlich folgendes bedenken: Wenn ein ganz neuartiges Labyrinth untergelegt worden wäre, dann wäre der Versuch schiefgegangen. Aber auch das hat man einprogrammiert. In dem Augenblick, wo der Apparat gegen die Wand stößt, muß erneut mit Versuch und Irrtum angefangen werden. Ich glaube, das ist ein zwar primitiver aber immerhin erhellender Vorgang dieser Art Übergang von der ersten Stufe des Lernens zur zweiten Stufe.

v. Randow: Ich würde sagen: Die Auswahl unter verschiedenen Strategien ist immer noch das gleiche Problem. Erst wenn die Strategie im Rohmaterial verändert wird, glaube ich, kommt die zweite Stufe.

Bar-Hillel: Das ist die zweite Stufe einer desungeachtet doch gleichbleibenden Methode. In gewissem Sinn ist das freilich eine zweite Stufe – aber es ist auch die erste Stufe in einem anderen Sinn: es ist sowohl jeweils dieselbe Methode als auch eine Methode und deren Integration auf höherer Ebene.

Haseloff: Das ist der Typus methodischer Problemlösung; aber das ist nicht kreativ.

Steinbuch: Halt, halt! Hier gehe ich nicht mit. Sie hätten dann recht, wenn diese Automaten nichts weiter tun könnten, als aus den vorhandenen etwa zehn Labyrinthvarianten die zutreffende herauszusuchen aufgrund der ersten Schritte. Aber wir haben die möglichen Strategien oder Hypothesen auf eine endliche Zahl reduziert und können auch innerhalb ihrer suchen. Möglicherweise können wir nun Strategien herausfinden, wie sich die Heraussuche besonders schnell vornehmen läßt.

Bar-Hillel: Das würde schon etwas anderes sein. Wenn Sie das machen können, wäre das schon eine echte zweite Stufe.

Kaufmann: Wenn ich das höre und wäre Mitglied des SDS, so würde ich sagen, die Kybernetik sei eine ausgesprochen paternalistische Wissenschaft. Das Problem ist immer bereits vorgegeben. Das bedeutet, es ist mit einer vorhandenen Kapazität ein vorgegebenes Problem zu lösen.
Intelligenz aber besteht meiner Meinung nach darin, daß man neue Probleme sucht und überhaupt sieht. Das ist die höhere Stufe der Intelligenz. Würden Sie mir zustimmen?

Steinbuch: Herr *Kaufmann,* sind wir nicht da, wo ich sagte, es ist falsch, zu sagen, Computer können keine Fragen stellen? Darüber waren wir uns doch einig.

Kaufmann: Das haben Sie als Satz hingestellt! Was ich in der Wirklichkeit höre, ist immer wieder, daß man Regeln und Strategien und Taktiken gibt und in diesem begrenzten Raum suchen läßt, während die Welt doch eine Vielfalt von Angeboten hat. Aus dieser Vielfalt sich Probleme herauszusuchen scheint mir ein Kriterium für Intelligenz.

v. Randow: Die Tatsache, daß Intelligenz etwas anderes ist, als was im Augenblick vom Computer und mit kybernetischen Mitteln erreicht werden kann, sagt noch nichts dagegen, ob es sinnvoll ist, untere Stufen mit diesen Mitteln zu untersuchen.

Kaufmann: Wenn Sie vom Problemlösen sprechen, müssen Sie auch vom Problemsuchen sprechen.

v. Randow: Jetzt noch nicht! Das ist vielleicht später möglich.

Bar-Hillel: Vorläufig sind wir also noch immer auf der paternalistischen Stufe des Problemlösens.

Heinz Zemanek

Philosophische Konsequenzen und zukünftige Möglichkeiten der Kybernetik

Ich habe im Verlauf der Gespräche erkannt, wie schwer die Aufgabe ist, das mir gestellte Thema zu behandeln, um so mehr, als ich kein Philosoph bin. Ich will aber versuchen, das Thema nicht allzu weit zu verfehlen. Ein bißchen verfehlen werde ich es jedoch sicher, denn ich kann mir vorstellen, daß es hier ebenso viele Auffassungen über philosophische Konsequenzen der Kybernetik gibt, wie Teilnehmer hier an den Tischen sitzen. Zudem hat es mit einer Vorhersage der Zukunft große Schwierigkeiten. Bekanntlich ist die Kybernetik aus einem sehr speziellen Bemühen um die Vorhersage eines Vorgangs entstanden. *Norbert Wiener* hat versucht, das Flugzeugabschußproblem zu lösen, und kam dabei auf zwei Dinge. Erstens mußte er die Vorhersage theoretisch betreiben – man darf ja nicht an die Stelle schießen, an der das Flugzeug ist, sondern man muß an die Stelle schießen, an der es sein wird, wenn das Projektil eine Trefferchance haben soll. Das Ergebnis dieser Theorie war mathematisch sehr interessant, praktisch aber kaum anzuwenden, weil für die Prognose ja nur – ich möchte nur von der *Wiener*-Methode sprechen, wie weit es allgemein gilt, ist eine andere Frage – das einigermaßen sicher ist, was durch die Speicher vorgegeben ist. Wenn auf irgendeine Weise etwas in einem System gespeichert wird, kann man vorhersagen, welche Schritte der Speicher weitergehen wird, während die Impulse, die später noch dazukommen, im allgemeinen nicht vorhersagbar sind. Wenn man das realisiert, hat man wenig Hoffnung, eine wirkliche Zukunftsprognose für die Kybernetik zu geben.

Das zweite Problem, dem *Wiener* gegenüberstand, war der Pilot in der feindlichen Maschine, der die schönste mathematische Berechnung dadurch zuschanden macht, daß er unerwartet reagiert. Angeregt durch diese Problemstellungen hat *Wiener* seine interfakultativen Gespräche begonnen. Man könnte sagen, daß die interfakultativen Gespräche das eigentliche Thema der Kybernetik sind.

Es ist sicher nicht falsch zu behaupten, daß die Rückkoppelung

und Steuerung über Rechenmaschinen nur Teilaspekte der Idee sind, Strukturen interfakultativ auszutauschen.
Um überhaupt über philosophische Konsequenzen reden zu können, sollte man einmal ein bißchen in die Geschichte hineinschauen. Was ist passiert, nachdem 1948 *Wieners* Buch »*Cybernetics*« erschienen war? Es fanden in Amerika einige Tagungen der *Macy-Foundation* statt, in denen das Wort »Kybernetik« öfters benutzt wurde. Dann aber verschwand das Wort aus der amerikanischen Öffentlichkeit. In Europa wird *Wieners* Buch etwas später gelesen. Ich kann mich erinnern, wie ich es 1951 in die Hand bekommen habe: Es war sehr interessant, was *Wiener* schrieb, und es war lustig zu lesen. Aber was Kybernetik ist, ließ es eigentlich offen. Es ist das Verdienst von Organisationen wie der *Association Internationale de Cybernétique* in Namur, daß die Kybernetik in Europa akzeptiert wurde. Sie kam dadurch in Schwung, daß man in Namur nicht sehr kritisch war, daß man das Niveau der vorgelegten Vorträge so gut wie gar nicht prüfte. Es wurden zwischen 1000 und 1500 Seiten Vorträge fast wahllos gedruckt. Dennoch: die Auswirkungen waren letztlich gut.
Es hat sich nämlich gezeigt, daß die Idee der Kybernetik einem Bedürfnis entspricht, wobei die Entwicklung in merkwürdigen Wellen-Bewegungen verläuft. Es werden oft recht schlichte Ergebnisse mit großem Enthusiasmus verkündet und enden dann in einer gewissen Enttäuschung. Man kann in der Entwicklung der Kybernetik immer wieder beobachten, daß Grundsatzerkenntnisse oder Grundsatzmodelle geschaffen werden, die mit großem Optimismus als enorme Fortschritte verkündet werden. Sobald aber versucht wird, das Modell auch nur ein wenig zu erweitern und zu verallgemeinern, treten Schwierigkeiten auf, und viele Modelle sind bald wieder aufgegeben worden. Ein typisches Beispiel für diese Umstände ist das *Perceptron*, dessen Initiatoren der Meinung waren, daß sie ein Gebilde von umfassender Anwendbarkeit geschaffen hätten — Ansprüche, die zum großen Teil wieder aufgegeben worden sind.
Geblieben ist interessanterweise etwas anderes, und das scheint auch typisch für die Situation zu sein: Die Mathematiker vertreten jetzt die Struktur des Perceptrons als eine Maschine abstrakter mathematischer Art, unter völligem Absehen von den Ansprüchen, die ursprünglich für die Benutzung gestellt waren.
Eine ganz große Schwierigkeit ist hier im Gespräch schon auf-

gezeigt worden: Daß sich nämlich die Informationstheorie nur auf Informationsquellen und auf Informationskanäle anwenden läßt, während Netzwerke – seien es die von Neuronen oder solche der technischen Logik –, auch wenn sie noch so präzis dargestellt werden und funktionieren, überhaupt nicht mit einem Maß der Information behandelt werden können. Man steht vor einem komplexen Gebilde wie einer Rechenmaschine mit dem Begriff des *Bit* ziemlich hilflos da. Man kann die Größe des Speichers angeben, vielleicht auch die Wortlänge und die Laufgeschwindigkeit an gewissen Stellen, aber dann ist es mit den Anwendungen der Informationstheorie bereits zu Ende. Die unmittelbare Anwendung der Wahrscheinlichkeitstheorie auf die Werte 0 und 1 oder auf die Zeichen der Rechenmaschine ist offenbar sinnlos oder von sehr beschränkter Bedeutung. Man müßte größere Einheiten haben, aber niemand weiß welche, auf die man auf einer neuen Ebene die Wahrscheinlichkeitstheorie anwenden würde. Allein nur ein Maß für die Güte einer Rechenmaschine auf statistischer Basis hat in befriedigender Weise eigentlich nicht festgelegt werden können.
Kurz noch einmal zur Geschichte zurück: In Europa geht die Kybernetik in den fünfziger Jahren also weiter, sie hat aber einen negativen Beiklang. Man betrachtet sie als eine unsolide Abart der Wissenschaft, die ein richtiger Lehrstuhlinhaber eigentlich nicht vertreten dürfte.
Im kommunistischen Bereich zeigte sich eine noch größere Abneigung. Die ersten Reaktionen in der Sowjetunion auf die Kybernetik waren äußerst negativ. Das ist eine kapitalistische Unnötigkeit, eine Phantasterei, eine Verdummung des Volkes. Der Umschwung ging interessanterweise von den Philosophen aus. Die Physiker hatten sich zwar schon früher dafür interessiert, aber für sie gab es zunächst gar keine Möglichkeit, kybernetische Forschungen durchzusetzen. Sie mußten warten, bis die Kybernetik ein fester Bestandteil des sowjetrussischen Denkens geworden war. Nun kann man in der USSR kybernetische Institute über Nacht auf die Beine stellen. Akademiker *Gluschkow* zum Beispiel hat in kürzester Zeit eines der größten Institute der Sowjetunion für kybernetische Forschungen aufbauen können.

(*Steinbuch:* 1500 wissenschaftliche Mitarbeiter!)

Man muß dabei eines wissen: Die Außenstehenden im Westen

sehen den Computer-Fachmann als Kybernetiker an, während die Computer-Fachleute den Kybernetiker als einen etwas abseitigen Sonderling betrachten. In der Sowjetunion hingegen umfaßt die Kybernetik alles, was zum Computer gehört. *Gluschkow* ist eigentlich ein Automatentheoretiker. Er hat eine sehr eigenständige Arbeit über die Automatentheorie geschrieben und ist damit zunächst im Inland und dann im Ausland bekannt geworden.

Zum russischen Hintergrund gehört ferner die Entwicklung der *Pawlow*-Schule. Ein Großteil der Beiträge der russischen Kybernetik besteht in der Verbindung zwischen der Verhaltensforschung *Pawlow*scher Art und Rechenmaschine.

In Europa hat sich allmählich ein Bedürfnis herausgestellt, die Kybernetik als eine Art Regenschirm zu verwenden, der es ermöglicht, als etablierter Fachmann eines klassischen Gebiets ›gewagte‹ Gedanken zu äußern, die eigentlich einem anderen Gebiet angehören. Das darf man, insbesondere in Deutschland, gewöhnlich nicht. Man setzt sich Vorwürfen aus, wenn man über Dinge vorträgt, die über die Definition der Lehrkanzel hinausgehen. Die Kybernetik, dieses schöne und elegante griechische Wort, und ihr ausgesuchtes Vokabular erleichtern Überschreitungen. Das ist offenbar als so notwendig empfunden worden, daß schließlich der negative Beiklang des Wortes Kybernetik fast völlig verschwand und die Kybernetik heute als ein sehr solides Fachgebiet dasteht — und genauso, wie wir sie hier haben: als interfakultatives Gespräch.

Denken wir noch einmal an den Ausgangspunkt zurück: Das eigentliche Anliegen der Kybernetik ist das Verhältnis zwischen Mensch und Maschine, zwischen Mensch und Automat. Darauf werde ich noch zurückkommen. Man könnte auch sagen: die Vielfältigkeit der Welt, widergespiegelt in den physikalischen Gesetzen, mindestens aber in der physikalisch-technischen Sprache.

Daher kann man die Kybernetik in informale und formale Kybernetik einteilen. Die informale Kybernetik erleichtert vor allem den Austausch von Vokabeln. Es wirkt erstens interessant und zweitens auch anregend, wenn man eine Struktur eines Gebietes im Vokabular eines anderen Gebietes darstellt. Man kann etwa immer wieder Mediziner beeindrucken, wenn man Teile des Körperschemas in mathematischen Schemen wiedergibt oder wenn man die Leitungsgleichungen auf den Blutkreislauf anwendet. Man kommt zu neuen Ergebnissen und sieht die

Dinge wieder anders an. Und wenn ein Nachrichtentechniker die Mediziner gelegentlich seine Vokabel benutzen hört und medizinische Strukturen in diesem Vokabular dargestellt sieht, so gibt ihm das neue Assoziationen und läßt ihn darüber nachdenken, was er weiter versuchen könnte. Über den Austausch von Vokabeln hinaus hat die Kybernetik natürlich auch den Austausch von Gedanken, Strukturen und auch Modellen gefördert. Weil aber das Verhältnis zum Menschen eine so große Rolle spielt, ist dann die Aufforderung an die Philosophie sehr zwingend gewesen, weitere grundsätzliche Fragen zu stellen — weit über das hinaus, was der Ingenieur für seine tägliche Arbeit braucht, weit hinaus über das, was sonst irgendein Fachmann für seine Arbeit benötigt.

Es gibt viele Dutzende von Definitionen der Kybernetik. Man könnte allein einen effektvollen Vortrag über ihre Definitionen halten. Eine Methode, die Kybernetik näher zu betrachten, wäre sicherlich die, sie als Ausdruck einer progressiven Mathematisierung in unserer Welt anzusehen. Damit aber sind wir schon bei der formalen Kybernetik angelangt, in der man nicht nur Vokabeln oder Gedanken austauscht, sondern in der man formal gestaltete Strukturen benutzt. Der Ingenieur benutzt sie schon lange, heute folgen ihm aber mehr und mehr alle anderen Wissenschaften: Selbst der Theologe kann seine Forschungen mit Blockschaltbildern, Gleichungen und Computerprogrammen betreiben. Das ist der Haupteffekt der Kybernetik: der Export der technischen Strukturen. Die umgekehrte Richtung, die Rückwirkung z. B. von der Biologie auf den Ingenieur über die Kybernetik war wesentlich schwächer. Zum Teil möchte ich fast meinen, daß die Ingenieure weniger aufnahmefähig sind. Ich habe zweifellos wesentlich mehr Theologen, Mediziner und Vertreter anderer Fachgebiete gesehen, die sich das Ingenieurvokabular zugelegt haben, als umgekehrt.

Eine besondere Hoffnung liegt darin, daß uns die Kybernetik ein Mittel in die Hand gibt, in der zunehmenden Diversifikation der Welt doch wieder zu einer gewissen Einheit zu kommen, vielleicht sogar zu einer einheitlichen Sprache, wie seinerzeit der »WIENER KREIS« davon geträumt hat, daß man alle Wissenschaften wieder unter einen Hut bekommt und eine Sprache schafft, die für alle geeignet ist. Wieweit der Computer in Zukunft hierzu helfen wird, ist eine zunächst noch offene Frage; ich werde darauf noch kurz zurückkommen.

Warum die Kybernetik für viele Menschen so ansprechend war,

scheint mir damit zusammenzuhängen, daß ein Anpassungsprozeß der Technik an den Menschen allmählich sichtbar wird. Während im 19. Jahrhundert die Technik oft geradezu als im Gegensatz zur Natur und zum Menschen empfunden wurde, werden durch fortgesetzte Beschäftigung mit der Technik allmählich ihr Charakter und der Charakter ihrer Produkte wieder dem Menschen angenähert und ihm ähnlich. Daher ist auch das große Idealmodell der Kybernetik der Mensch, als das komplizierteste Lebewesen. Es werden die Sinnesorgane, das zentrale Nervensystem, die Rezeptoren nachgebildet. Sie sind das große Idealbild jeder Art von Automation. Die Automation besteht ja letztlich darin, daß man die Struktur des Menschen verallgemeinert und auf den Prozeß der technischen Erzeugung anwendet, wobei freilich der Mensch übertroffen werden soll. Wie der Kran immer viel stärker ist als die Hand, erlaubt die Elektronik im Rechenautomaten zwei Dinge zu beherrschen, die dem Menschen direkt nicht erreichbar sind: eine Speichergröße zu haben, die das Gehirn bei weitem überschreitet, und eine Sicherheit der Ablesung und eine Sicherheit des Arbeitens zu gewährleisten, wie sie der Mensch in der Routinearbeit nicht besitzt.
Ein Computer ist in unseren Vorstellungen ja immer noch ein ortsgebundenes Gebilde, ein Kasten, der in einem Raum steht, vor dem jemand steht, der etwas eintastet und möglichst daneben gleich sieht, was herauskommt. Die wirkliche Situation ist heute aber bereits so, daß Computersysteme arbeiten, die über Kontinente und über die ganze Erdkugel verteilt sind. Dabei wird die Lichtgeschwindigkeit zu einer begrenzenden Konstanten. Das Licht legt in der Sekunde rund 300 000 km zurück, in der Millionstelsekunde daher 300 m und in der Nanosekunde (Milliardstelsekunde), die von der Computertechnologie eben erreicht wird, 30 cm oder 1 Fuß. Deswegen nennt man eine Nanosekunde manchmal auch ein Lichtfuß. Wenn ein Vorgang in einem Computer schneller werden sollte als eine Nanosekunde (wenn man also die Ansprechzeit von Halbleitern unter diesen Wert bringen kann), dann müßte die Strecke, längs der er erfolgt (also zum Beispiel die Verbindung von einem Schaltkreispunkt zum andern) kürzer werden als ein Fuß – oder die Ausbreitungsgeschwindigkeit der Elektrizität hemmt die Rechengeschwindigkeit stärker als die Trägheit der Bauelemente.
Man kann angesichts dieser Situation entweder Gleichheiten der verschiedenen Wissenschaftsgebiete betonen oder Ungleichheiten hervorkehren. Dabei scheinen, je nach psychologischem

Grundtypus, die einen Menschen die Gleichheiten stärker zu sehen, andere die Ungleichheiten mehr zu betonen. Je nachdem ergibt sich dann eine stärker optimistische oder eine stärker pessimistische Auffassung. Wenn man sich an Gleichheiten und Gemeinsamkeiten erfreut, kann man leichter optimistisch sein, als wenn sich vor allem die Ungleichheiten ins Bewußtsein schieben und man unausgesetzt Argumente vorbringt, die die Unterschiede hervorheben. Mit den Unterschieden sollte sich aber auch der Optimist beschäftigen. Denn es kann sehr in die Irre führen, wenn man Analogien dazu benützt, um Gemeinsamkeit um jeden Preis zu stimulieren. Die Unterschiede, die die Kybernetik in den verschiedenen Gebieten vorfindet, sind nämlich viel größer, als es wegen der ständigen terminologischen Gleichschaltung scheinen mag. Im einen Fall etwa ist mehr an die Logik zu denken, mit der wir einen Computer gestalten, und im anderen vielleicht an das Wachstum im allgemeinen Sinn des Wortes in der Biologie selbst. Denken Sie daran, daß die Physik auf dem Prinzip der Wiederholung beruht. Eine physikalische Tatsache ist erst dadurch gegeben, daß sie reproduzierbar, wiederholbar ist, daß sie aufgrund von wiederholten Ereignissen als Gesetz aufgestellt wird, während das Wesen der Organismen und vor allem des Menschen Einmaligkeit, Individualität ist. Das bildet sich bereits in den Bauteilen ab. Der Ingenieur hatte, jedenfalls in der hohen Zeit im 19. Jahrhundert, das Prinzip, für einen bestimmten Zweck einen Bauteil zu schaffen, und überall dort, wo er diesen Zweck verfolgt, diesen einen bestimmten Bauteil anzuwenden. Die Natur hingegen nimmt im Bauteil, in der Zelle, praktisch vorweg, was der ganze Organismus leistet. Der ganze Organismus reagiert auf Licht und auf Druck, er hat seinen Stoffwechsel, er erhält sich in höchst komplexer elektrisch-chemischer Zusammenarbeit. Aber all das vermag schon die einzelne Zelle genauso. Die Technik bewegt sich heute auch in dieser Richtung: Der Fortschritt von der Röhre zum Transistor geht genau dahin. Bei der Röhre war die Zahl der Rückwirkungen vom Ausgang zum Eingang wesentlich geringer als beim Transistor. Der Transistor hingegen nähert sich bereits organischem Verhalten. Wir gehen, um es scherzhaft zu formulieren, einer Technik entgegen, in der man um eine elektronische Schaltung, die nicht funktioniert, einen kalten Umschlag macht, und wenn das nicht hilft, wirft man sie weg.

Vor allem besteht ein gewaltiger Unterschied hinsichtlich der

Absicht der Technik und der Teleologie der Natur – wenn man eine solche überhaupt akzeptiert. Denn in der Natur ist alles Ergebnis von Mutation und Selektion, während der Ingenieur einen vorgeplanten Zweck verfolgt. Daher hat der Konstrukteur über sein Gerät die volle Kontrolle. Was seinen Absichten nicht entspricht, ist ein Fehler der Maschine, eine Störung, eine Abweichung. In der Natur kann man Ausnahmen und Abweichungen nur selten und bedingt als Fehler ansehen.

Als Herr *Haseloff* seinen Vortrag hielt, habe ich mir übrigens die Situation vorgestellt, in der ein Biologe einem lebenden Gebilde gegenübersteht, und ich möchte diese Situation analog zurückprojizieren auf den Computer-Ingenieur. Dann wäre das jener Zustand, in dem dieser in ein großes Rechenzentrum kommt und nicht weiß, welche Maschine dort aufgestellt ist. Er hat einen großen Kasten vor sich, mit irgendeiner Firmenbezeichnung und einer Nummer. Der Situation des Biologen und des Psychologen würde es nun entsprechen, wenn der Computer-Ingenieur die Eingabeeinrichtungen und die Zeichen, die hineinlaufen, untersucht, und ebenso die Ausgabe und was dort gedruckt wird. Und nun versucht er herauszubekommen, was in dem Kasten vor sich geht. Für den Ingenieur wäre das wohl hoffnungslos. Für den Biologen gilt das offenbar nicht, denn sonst gäbe es keine Biologie. Allerdings – und das ist das Analogon zur biologischen Selektion in der Technik – greifen wir Ingenieure Bauteile, bei denen die Abweichung vom geplanten Zweck zu groß ist, einfach nicht auf. Da sagen wir: Das ist ein unverläßliches Element, damit bauen wir lieber nicht.

In Wirklichkeit ist es natürlich so, daß die Maschine ihrem Konzept kaum jemals ideal entspricht. Jeder Elektronik-Ingenieur weiß: wenn er seine Schöpfung das erste Mal einschaltet, tut diese etwas anderes als erwartet. Der beginnende Nachrichtentechniker, der seinen ersten Verstärker baut, findet zunächst einmal, daß dieser blubbert oder brummt, aber nicht verstärkt. Er bringt ihn erst in mühevoller Kleinarbeit dazu, daß er tut, was von ihm erwartet wird. Das gilt in gewisser Weise nicht nur für einen Anfänger oder für den Einzelfall: das gilt für unser ganzes Handwerk. Man hört gelegentlich das Argument, ein Computer führe doch nur das aus, was man ihm anschafft. Nun ja, das ist aber doch auch das einzige, was der Kunde bezahlt! Kann man sich einen verkaufbaren Computer vorstellen, der am Morgen ausdruckt: »Heute scheint die Sonne so schön, heute werde ich langsamer rechnen!«? (Obwohl selbst dies im Computer auftreten kann: es gibt Maschinen, die bei höherer Raumtemperatur ihren Geist aufgeben.) Aber dann kommt sofort der Kunde und sagt unweigerlich: »Das ist ein Konstruktionsfehler!« Und es ist aber tatsächlich ein Konstruktionsfehler. Nicht, daß wir es nicht könnten: Wir können Maschinen bauen, die nicht das tun, was man ihnen anschafft (was ich nicht als freien Willen bezeichnen würde), Maschinen, welche bockige Verhaltensweisen hätten. Sie wären billiger als Maschinen, die genau das tun, was ihre Benutzer wollen.

Nun besteht die Problematik in der Informationsverarbeitung leider nicht nur aus dem Problem der Bauteile und der technischen Struktur, sondern auch aus der Frage der Programmierung, genau wie bei Lebewesen. Auf dem Gebiet der Programmierung geht es uns aber noch viel schlechter als auf dem Gebiet der Konstruktion. Wir haben Theorien, die uns gestatten, eine Rechenmaschine technologisch dahin zu bekommen, daß sie tut, was wir von ihr verlangen. Wenn aber die Programme einen gewissen Umfang überschreiten, zeigt sich, daß wir in der Kontrolle der Vorgänge ausgesprochen hilflos sind, daß es kaum jemandem gelingt, ein wirklich großes und umfassendes Programmiersystem befriedigend aufzustellen und (was für den Ingenieur sonst meist doch einigermaßen möglich ist) auch eine realistische Abschätzung der notwendigen Entwicklungsdauer zu geben. Programmiersysteme sind unbefriedigend und werden grundsätzlich mit Terminüberschreitung geliefert.

Man hat versucht, auf dem Gebiet der Programmierung wieder rational zu werden und die Routinevorgänge zu automatisieren, und man hat zu diesem Zweck die Programmierungssprachen geschaffen. Das sah eine Zeitlang sehr erfolgreich und schön aus. Wir konnten in wenigen Jahren das gesamte mathematische Wissen über das Schreiben von Algorithmen in eine Sprachform bringen, und zwar in eine solche Form, daß sowohl der Mensch verstehen kann, was der Text bedeutet, als auch der Computer (beim Computer in dem Sinn gemeint, daß er den Text aufnimmt und ihn befolgt, daß also im Computer genau das geschieht, was dieses Programm erzielen soll).

Die weitere Erfahrung hat eine Kette von Schwierigkeiten zutage gefördert und die letzten Jahre waren voller Kummer. Wenn man einen Algorithmus – einen Satz von Regeln, die mit Sicherheit zur Lösung einer Klasse von Aufgaben führen – vor sich hat, wie beweist man dann, daß dieser Algorithmus genau die Aufgabe erfüllt, deren Erfüllung man sich verspricht? Er-

staunlicherweise ist diese Sicherheit in der Mathematik keineswegs üblich. Man muß dem Mathematiker die Lösungen im guten Glauben abnehmen. Man pflegt gelegentlich zu prüfen und befriedigt zu sagen: Es ist das Richtige herausgekommen. Aber den allgemeinen Beweis zu führen, daß ein Algorithmus eine gestellte Aufgabe erfüllt, ist schon deshalb nicht möglich, weil man dazu zunächst die Aufgabenstellung formalisieren müßte und dann mit einer Kette von Formalschritten beweisen müßte, daß der gegebene Algorithmus die gestellte Aufgabe tatsächlich erfüllt. Ansätze dazu sind da. Es gibt auch einige Erfolge in dieser Richtung; das sind aber Ausnahmefälle, und wir sind erst am Beginn der Entwicklung.
Eine andere Schwierigkeit liegt in der Anpassung der Programmierungssprachen an die des Menschen. Es ist gut, sich hierzu die geschichtliche Entwicklung der Programmierung vor Augen zu halten. Vor zwanzig Jahren trat gewissermaßen der Elektro-Ingenieur vor den Mathematiker hin und sagte ihm: Freue dich, ich habe endlich den Traum von *Babbage* verwirklicht, die programmgesteuerte Rechenmaschine ist mit den Mitteln der Elektronik realisierbar geworden – und nun werde ich dir erklären, wie die Maschine funktioniert. Ich habe mir alles genau überlegt und der Satz der Maschinenbefehle, den ich dir zur Verfügung stelle, ist tatsächlich großartig. Der Mathematiker mußte das glauben, und er akzeptierte die vom Ingenieur bereitgestellte Maschinenstruktur auch, weil er sich bald davon überzeugte, daß sie eine gewisse Art der Universalität repräsentierte. (In Wirklichkeit konnte von einer derartigen Trennung von Mathematiker und Ingenieur keine Rede sein: es war eine gemeinsame Entwicklung, bei der häufig beide Seelen in einer Brust waren!)
Was den Mathematiker am meisten störte, war die Diskrepanz zwischen einem Programm im Maschinencode und der historischen algebraischen Schreibweise; eine Angleichung war höchst wünschenswert. Außerdem ist ein Wesenselement der Mathematik die schöpferische Faulheit: viele Methoden der Mathematik wurden erfunden, um lästige und fade Routinearbeit zu ersparen. Beim Programmieren gibt es viel lästige und fade Routinearbeit, zum Beispiel die Speicherplatz-Buchhaltung und die wiederholte Anwendung einmal entworfener Programmstücke. Dies alles führte zu einer Erweiterung der algebraischen Schreibweise für Programmierungszwecke, zu den algorithmischen Programmierungssprachen wie FORTRAN und ALGOL.

Für den Spezialisten, für den interessierten Mathematiker und für den mathematisch ausgebildeten Programmierer ist es seitdem möglich und relativ einfach, beliebige Algorithmen elegant und in einer Weise auszudrücken, daß sowohl der Mensch den Text versteht als auch die Maschine das Programm auszuführen vermag.

Die Programmierungssprachen waren damit mehr oder weniger gut an den Mathematiker angepaßt, für den durchschnittlichen Benutzer – und davon gibt es von Tag zu Tag mehr – jedoch kann von Anpassung noch keine Rede sein. Dieser durchschnittliche Benutzer will nicht Logik studieren und er hat kein Bedürfnis für »alle« Algorithmen. Er will die auf seinem Gebiet üblichen ökonomisch hantieren können, das heißt in der auf seinem Gebiet üblichen Sprache und mit minimalem Aufwand. Das ist eine neue Fragestellung, und die Krise der Programmierungssprachen besteht zum Teil darin, daß die Fachleute dafür sich zu wichtig nehmen, ihre phantastisch allgemeinen Strukturen als optimale Lösung ansehen und die praktischen Wünsche einfach nicht zur Kenntnis nehmen.

Weitere Aspekte kommen dazu. Die von den Programmierungssprachen, jedenfalls von jenen herkömmlicher Art, erfaßten Fragen erweisen sich heute als wesentlich weniger global als die Schöpfer der Programmierungssprachen sich erträumten. Probleme der Speicherbenutzung, der Ein- und Ausgabe, Fragen in Computernetzwerken und viele weitere Aspekte haben Programmierungssprachen zu einem Teilgebiet der Programmierung gemacht. Aber auch die Maschinerie selbst muß dem Menschen besser angepaßt werden, der Ingenieur muß sich nach den Wünschen und Ansichten des Benutzers richten und nicht umgekehrt. Schriftliche Ein- und Ausgabe muß sich der Qualität, der Vielfalt und der Flexibilität des Buchdrucks nähern (sie wird sie eines Tages übertreffen müssen!). Ein drastisches Beispiel: da gibt es die Diktatur der Schreibmaschineningenieure, die die Zahl der Tasten mit 44 festgelegt hat. Erstens wird man im binären Zeitalter auf 64 übergehen müssen, auch wenn die durchschnittliche Stenotypistin die zusätzlichen 20 Tasten nur langsam benutzen wird, und zweitens muß der Alphabetwechsel einfach sein; die IBM-Kugelkopfschreibmaschine ist ein unvollständiger Anfang. An die Seite der schriftlichen Ein- und Ausgabe wird in steigendem Maß die optische treten, denn der Computer wird nicht nur die Arbeit des Rechners und des Schreibers übernehmen, sondern auch die Arbeit des Zeichners.

Je besser und rascher all diese Entwicklungen vor sich gehen, um so besser und rascher wird man kybernetische Fragestellungen mit dem Computer anpacken und lösen können.

Damit sind wir bei den Fragen der Zukunft. Wir haben hier viel von Modellen gesprochen und Herr *Bar-Hillel* hat gemeint, daß Modell zu einem Modewort geworden ist, geradezu von ›Mode‹ abgeleitet. Nun, auch Moden haben ihr Gutes und man muß sie nicht unbedingt ablehnen. Das häufig bemühte Wort Modell wird der Wissenschaft ebenso wie der Öffentlichkeit einprägen, wie wichtig abstrakte Strukturen geworden sind und wozu der Computer wirklich da ist: denn gemeinsam mit dem Programm stellt der Computer die flexible abstrakte Struktur, das Modell all unserer sauberen Gedanken dar.

Das heißt zum Beispiel, daß man konkrete Modelle – wie damals die künstliche Schildkröte – nicht mehr zu bauen braucht. Das Programm leistet das gleiche und mehr, und man hat es nicht mehr mit Verläßlichkeit und Service zu tun, denn diese liegen in den erfahrenen Händen der Rechenmaschinenfirmen. Ich spreche dabei aus eigener Erfahrung; Sie wissen ja, daß ich seinerzeit die Grundmodelle der Kybernetik an der Technischen Hochschule von Studenten habe nachbauen und weiterentwikkeln lassen. Herr *Steinbuch* wird mir zustimmen, daß es furchtbar schwierig ist, an einer Technischen Hochschule jene Ingenieurtradition und -erfahrung aufzubauen, welche auch die Sicherheit und Verläßlichkeit der Studentenprodukte gewährleistet. Vorläufig hoffen wir noch, daß die adäquate Sicherheit und Verläßlichkeit bei Programmen mit Studenten erzielbar ist.

Die Zukunft der Kybernetik hängt also davon ab, wie elegant sich am Computer Modelle programmieren lassen. Das ist, wie ich ausführte, primär eine Frage der passenden Programmierungssprache. Wenn man sich an die Diskussionen von gestern und heute über die Hierarchiebildung erinnert, wird man einsehen, daß die heute üblichen Programmierungssprachen den allgemeineren Zielen der Kybernetik noch nicht entsprechen. Dem Computer haften gewissermaßen noch zu sehr die Kinderkrankheiten seiner technologischen Herkunft an. Die langsame Entwicklung der Kybernetik folgt nicht zuletzt aus dieser Problematik, denn zahlreiche Fragen der Kybernetik sind zutiefst mit der Komplexität der untersuchten (nichttrivialen) Strukturen verbunden. Die kybernetische Theorie hängt von der praktischen Entwicklung der Informationsverarbeitung ab.

Erfreulicherweise macht die Computer-Technologie rasche Fortschritte, und zwar außerdem in einem so stetigen Maß, daß man sogar Voraussagen wagen darf. Vier Computer-Parameter, Speicherkapazität, Ablaufgeschwindigkeit, Kosten pro Operation und Volumensbedarf pro Logik- oder Speichereinheit, haben sich in den vergangenen zwanzig Jahren um einen Faktor 1000 verbessert (in der logarithmischen Darstellung verlaufen diese Parameter über der Zeit unerwartet genau längs der Geraden) und es gibt genügend Grund zur Annahme, daß uns in den kommenden zwanzig Jahren eine neue Steigerung um den Faktor 1000 gelingen wird.

Steinbuch: Nur mit einer völlig neuen Technologie!

Zemanek: Ja, aber die logische Darstellung bleibt bei beiden Technologien gleich. Man kann im Hinblick auf sie völlig vergessen, welche Elektronen wo herumspringen. Wichtig für die Benutzung ist lediglich die Blockstruktur. Es könnte ein Automat sogar mit Dampf betrieben werden, das wäre völlig gleich. *Babbage* etwa hatte seinerzeit überhaupt keine andere Kraftquelle besessen und wollte seinen Computer daher tatsächlich mit Dampf betreiben.

Schiemann: Man macht es jetzt auch mit Öl, Hydraulik und Pneumatik.

Steinbuch: Babbage wollte die Dampfmaschine zum mechanischen Antrieb seiner mechanischen Rechenmaschine benützen. Etwas anderes ist gegenwärtig im Gange, wo man mit Fluidik Flüssigkeitsströme steuert, um logische Verknüpfungen zu verwirklichen.

Zemanek: Ich halte die Entwicklung dieser Technologien allerdings für nicht so entscheidend, weil die darin ablaufenden Vorgänge zu langsam sind. Vor elf Jahren hat man sich erhofft, daß man mit Licht und Chemie etwas zuwege bringen könnte. Ich habe jemanden gesehen, der mit einem Fotoblitz einen Punkt auf eine Scheibe geblitzt hat; mit dem nächsten Blitz war der Punkt wieder weg. Alle diese Dinge haben sich nicht bewährt, weil die Zeitkonstanten zu miserabel groß sind.

Steinbuch: Ich vermute, die Holografie und das kohärente Licht werden die Situation entscheidend verändern.

Zemanek: Das sind Vermutungen. Zugegeben: Überraschungen kann es geben. Ich rede nur von dem, was man klar sagen kann, und es gibt einen guten Grund für meine Zweifel. Gewiß, das Licht wäre eine sehr angenehme Methode, Information zu übertragen und vielleicht auch zu speichern. Wenn das gelänge, so wäre das sehr schön. Aber bisher hat sich immer wieder gezeigt, daß am Ende die Halbleiter siegten. Dabei wird es noch etliche Zeit bleiben. Zusammenfassend kann man also sagen: Wenn wir annehmen, daß die Entwicklung in den kommenden 20 Jahren in gleichem Sinne weitergeht, werden wir in 20 Jahren einen Computer haben, der tausendmal so schnell ist, tausendmal soviel Speicherraum hat wie heute, der aber dennoch nur gleich viel kostet und gleich groß ist.
Das würde bedeuten, daß wir Informationsmengen in einen Computer bringen, die nicht mehr weit entfernt sind vom Inhalt einer amerikanischen Großbibliothek. Mit anderen Worten: Bis zum Ende dieses Jahrhunderts werden wir imstande sein, das gesamte menschliche Wissen im Direktspeicher eines einzelnen Computers unterzubringen. Dazu muß man sich vorstellen, daß der Computer nicht ein an einen bestimmten Ort gebundenes System ist, sondern daß es ein öffentliches Computersystem geben wird, an dem man teilnimmt wie heute am Telefon.
Wenn Sie Ihre Steuererklärung machen wollen, dann wählen Sie eine Nummer und haben das Programm, das die Steuererklärung abfaßt, zur Verfügung. Allerdings — der Finanzminister sieht so dann indirekt, was Sie tun.

Steinbuch: Aber nicht notwendigerweise!

Zemanek: Nein! Es stellt sich hier die Frage des Schutzes der Privatsphäre. Man wird dafür sorgen müssen, daß gewisse persönliche Interessen in einem automatischen Netz mindestens ebenso geschützt sind, wie es jetzt der Fall ist.

Steinbuch: Das bedeutet andererseits, daß der Gesetzgeber vorausschauend Rechnung zu tragen hätte. Er darf nicht weiterschlafen!

Zemanek: In Amerika wird darüber gegenwärtig sehr viel diskutiert; mit welchem Effekt, ist freilich die Frage. Aber das Problem wurde aufgeworfen, und es wird im Augenblick sehr viel darüber diskutiert.

Daß eine Absicherung der Privatsphäre erforderlich ist, kann nicht bezweifelt werden. In Amerika, wo absolut und auch relativ mehr Computer benützt werden als bei uns, ist bereits genügend passiert, um dies zu beweisen. Vielleicht kann ein kleines Beispiel von Nutzen sein. Programme für die Planung, Berechnung und Auszahlung von Gehältern sind bereits durchaus üblich, und wenn man ein derartiges Programm laufen hat, dann will man es auch für statistische Zwecke auswerten. Selbstverständlich gilt das Prinzip, daß der Statistiker zwar Durchschnittswerte erfahren darf, daß das Programm ihm aber Auskünfte über einzelne Gehälter verweigert. Der Statistiker bekommt also zum Beispiel den Wert des Durchschnittsgehalts in einer Berufsklasse. Wenn aber in dieser Berufsklasse nur ein einziger Mann angestellt ist, erfährt er dessen persönliches Gehalt. Hier muß eine Programmierungsmaßnahme dafür sorgen, daß solche Sonderfälle nicht das Prinzip zuschanden machen.

v. Ditfurth: Mit Ausnahme etwa des Bundeskanzlers werden solche Fälle aber doch wohl sehr selten bleiben?

Zemanek: Der Hierarchie eines Betriebes oder einer Verwaltung entsprechend sind Auskünfte nach oben selbstverständlich legal und kein Problem. In dem von mir angeführten Beispiel aber hatte die Firma nur einen einzigen Betriebspsychologen, und wenn der Statistiker sich das Durchschnittsgehalt der Betriebspsychologen ausdrucken läßt, erhält er eine Information, die kein richtiger Durchschnitt ist, sondern der spezielle Fall.

Steinbuch: Sie unterstellen nicht, daß solche Probleme ein enormes Maß von Nachdenken erfordern? Es sind doch Probleme, die Leute, die etwas davon verstehen, durchaus lösen können.

Zemanek: Es ist keine besondere wissenschaftliche Anstrengung erforderlich, um ein bisher unbekanntes Problem dieser Art zu lösen, sobald es akut auftaucht. Das ist im Einzelfall nur Routinearbeit.

Steinbuch: Man muß sicherstellen, daß ein Zugriff zum allgemeinen Speichersystem nur den hierzu berechtigten Stellen möglich ist, und daß die Ausführung des Zugriffs registriert wird.

Zemanek: Die Möglichkeiten der Sicherung müssen überlegt werden – aber es läßt sich eben nicht ausschließen, daß in der logischen Struktur Lücken auftreten, daß, obwohl anscheinend alle Forderungen nach Sicherung erfüllt sind, unberechtigte Zugriffe gelegentlich möglich sind.

Steinbuch: Es ist gewiß ein Problem, bei dessen Lösung in der Übergangszeit Schwierigkeiten entstehen werden. Es scheint mir aber kein unlösbares Problem zu sein und es bedarf nicht einmal eines übergroßen geistigen Aufwandes.

Petermann: Es sei denn, wir haben eine diktatorische Struktur, die Eingriffe kraft ihrer Macht vornimmt.

Zemanek: Wer Macht hat, hat durch den Computer verstärkte Macht. Es wird in Amerika ein Zeitalter der Computer-Verbrechen kommen.

Petermann: Das gibt es schon!

Zemanek: Das gibt es bei längst etablierten Sachen natürlich genauso. Ich habe kürzlich etwas sehr Nettes gehört: Da haben kluge Leute über das Wochenende vor den Nachttresor einer Bank einen Vorsatzkasten gestellt und Montag im Morgengrauen die eingeworfenen Effekten weggetragen. Es scheint juristische Schwierigkeiten zu machen, diese Tat zu bestrafen. Vergleichbare Mißbräuche wären bei einem Computer-System natürlich auch denkbar.
Noch einen Zukunftsaspekt: Die Verbesserung der Ein- und Ausgabegeräte. Hier wird insbesondere die Verbesserung der optischen Geräte zu einer Revolution führen. Denn es ist eine alte Weisheit: man kann mit sprachlichen Mitteln noch soviel beschreiben, es geht nichts über das Zeigen mit dem Finger. Dieses Prinzip ist auch bei den optischen Eingabe- und Ausgabegeräten sehr praktisch: man hat ein Bild von der Sache und kann darauf zeigen, mit unmittelbarer Anschauung arbeiten. Das ist ebenso im Kommen, wie eine Verbesserung der Druck- und Vervielfältigungsmöglichkeiten. Es wird nicht mehr lange dauern, bis die Bücher unmittelbar aus dem Computer herauskommen.

Steinbuch: Man muß hinzufügen: Es wird in Zukunft die Bedeutung des Papiers für den Informationstransfer sinken. Sehr vieles, was wir jetzt auf Papier bekommen, wird in Zukunft bei Bedarf auf dem Bildschirm stehen.

Zemanek: Sehr richtig, es wird im Speicher aufbewahrt sein, und wir müssen nur den Ausschnitt herausholen, den wir uns wünschen, wobei das Problem sein wird, wie die Semantik bei all diesen Transformationen garantiert bleibt. Ich fürchte, wir gehen einem Zeitalter entgegen, wo die Angaben, die aus dem Computer herauskommen, immer präziser und immer vielfältiger sein werden; aber was sie wirklich bedeuten, wird man immer weniger wissen. Denn man müßte die ganze innere Struktur dieser Vorgänge kennen. Und das ist nur einer Minderheit möglich.

Ein letzter Punkt ist noch zu erwähnen: Bisher ist der Computer im wesentlichen noch ein einseitiger Partner, ein reiner Befehlsempfänger, der nur zuhört, was gesagt wird, und dieses dann ausführt. Die Versuche, den Computer zum Gesprächspartner zu machen, sind bisher noch relativ langsam vorwärtsgekommen. Aber auch hier bahnt sich die Wendung an, wobei die große Frage ist: Soll der Computer Umgangssprache lernen, also etwa lebendiges Deutsch, oder soll sich dieses »Sprechen« auf formale Weise abwickeln? Da gibt es verschiedene Geschmacksrichtungen. Ich persönlich bin für die formale Methode, und zwar aus psychologisch-biologischen Gründen. Ich habe einmal folgende kleine Szene erlebt, die mir typisch zu sein scheint: Man bleibt mit dem Wagen irgendwo stehen und fragt nach dem Weg. Der Befragte sagt: Fahren Sie geradeaus und dann nach links, dabei deutet er aber nach rechts. Was stimmt, was er sagt oder was er zeigt? Selbstverständlich das, was er zeigt. Das heißt, man sollte den Computer nicht in die schwierige Lage bringen, daß er die Korrekturen, die ein Mensch aus lebendiger Anschauung heraus sofort am gesprochenen Text seines Partners vornimmt, mit einem ihm eingegebenen Programm machen muß. Wenn Sie einmal beobachten, wie sich Leute an einem Schalter bei Post oder Bahn benehmen, und Sie denken sich nun den Schalterbeamten ersetzt durch einen Computer, dann wissen Sie, was ich meine. Das ist ein fast unlösbares Problem, wenn man es nicht auf ein reines Tastendrükken zurückführt, auf zweifelsfreie Bits.

Ich möchte mit einem Blick in die Zukunft der Kybernetik abschließen. In dem Augenblick, wo der Computer besser als bisher als Gesprächspartner wirkt, wo er die Programme, die ein

Benutzer ihm eingibt, noch einmal zurückzeigen kann, so daß dieser Änderungen vorzunehmen vermag; wo der Computer darüber hinaus vielleicht sogar auch noch verbessernde Vorschläge bringen kann, Vorschläge darüber, an was der Benutzer noch alles denken sollte; wo er schließlich mit der Diagnostik der Absichten seines menschlichen Partners besser zu Rande kommt – in diesem Augenblick würde ein völlig neuartiges Zeitalter der Kybernetik angebrochen sein. Dann ließen sich Strukturen mit dem Computer gemeinsam erarbeiten, wobei der Computer den eingespeicherten Vorrat an möglichen Strukturen zur Verfügung stellen und von sich aus den einen oder anderen Vorschlag machen könnte, was sich davon gegebenenfalls verwenden ließe. Das zu erreichen, scheint auf den ersten Blick heute vielleicht noch völlig hoffnungslos. Man würde vermutlich einwenden: Es gibt unendlich viele Strukturen; was hat es also für einen Sinn, über solche Dinge nachzudenken? Vielleicht aber ist die Zahl der Denkstrukturen gar nicht unendlich. Wenn man überlegt, daß die Fülle der Welt im Grunde aus einem Setzkasten von 92 Atomen aufgebaut ist, daß die Fülle des Geistes in der Sprache durch 40 Phoneme, durch 26 Buchstaben ausgedrückt werden kann, dann ist es nicht abwegig zu vermuten, daß auch das Gehirn mit verhältnismäßig wenig Grundstrukturen arbeitet und die Vielseitigkeit nur aus der Kombinatorik entsteht. Und das könnte Hoffnung geben, daß mit dem Computer eine wirklich neue Periode der Menschheitsgeschichte beginnt.

Steinbuch: Herr *Zemanek* hat eine schöne Übersicht gegeben. Ich möchte beinahe allem zustimmen, was er sagt. Eine leichte Nuance: Er hat zu Beginn dem Sinn nach gesagt, daß die Anwendung der Informationstheorie auf die Vorgänge im Computer nicht praktikabel sei. Das sollte man vielleicht präzisieren. Die *Shannon*sche Informationstheorie ist im Zusammenhang mit dem Computer praktisch nutzlos, so würde ich jedenfalls sagen. Für den allgemeineren Begriff der Information, wie wir ihn gestern diskutiert haben, gilt diese Aussage aber sicher nicht.

Zemanek: Dafür gibt es aber noch keine Theorie.

Steinbuch: Hier würde ich nicht unbedingt zustimmen.

Zemanek: Sie werden sicher zugeben, daß Sie mit keiner Art Informationstheorie auch nur ein Addierwerk behandeln können.

Steinbuch: Da haben Sie recht.

Mittelstaedt: Insofern besteht also Einigkeit. Herr *Steinbuch* hat für sich selbst schon einen ganz bestimmten Begriff der Information. Wir aber wissen noch nicht ganz genau, was er meint. Es hat irgend etwas mit Entscheidung, richtiger Entscheidung zu tun . . .

Steinbuch: Sie haben recht! Ich habe keine formalisierte Theorie. Aber man sollte wohl nicht den Eindruck im Raume stehen lassen, als ob die Benützung einer Denkweise, die am Informationsbegriff sich orientiert, im Zusammenhang mit Computern keinen Sinn hätte.

Mittelstaedt: Deshalb müssen Sie uns sagen, was mir noch immer nicht klargeworden zu sein scheint, nämlich was dieser Informationsbegriff ist. Sonst hat es keinen Sinn zu sagen, wir sollen die Nützlichkeit des Begriffes nicht ablehnen. Wir kennen ihn doch gar nicht. Diese Sache ist steckengeblieben; sie ist aber sicher wichtig, weil sie das Thema der Tagung ist.

Steinbuch: Ich verstehe durchaus Ihr Gefühl eines Ungenügens, Herr *Mittelstaedt*; aber ich halte es für unmöglich, in den wenigen Minuten, die noch bleiben, diese von Ihnen gewünschte grundsätzliche Klärung herbeizuführen.

Schiemann: Vielleicht sagen Sie uns nochmals, was der *Shannon*sche Begriff der Information ist.

Steinbuch: Der *Shannon*sche Informationsbegriff geht von der Vorstellung eines Wahrscheinlichkeitsfeldes, eines Übertragungskanals aus. Nach *Shannon* können Sie für verschiedene Signale unterschiedliche Wahrscheinlichkeiten angeben und mit anschreibbaren Formeln den Informationsgehalt und die Entropie berechnen.
Aber ich möchte noch auf etwas ganz anderes hinaus. Zwei Fragen hinsichtlich der zukünftigen Entwicklung der Kyberne-

tik sind von zentraler Bedeutung. Herr *Zemanek* hat sie mehr oder weniger berührt, zum Teil auch ausgespart.

1. Können Maschinen voraussichtlich etwas entwickeln, was man zukünftig als Intelligenz bezeichnen kann? (Das ist eine umgangssprachliche Formulierung.)

2. Besteht eine nennenswerte Aussicht, die Intelligenz von Lebewesen, insbesondere von Menschen, durch ihre physische Struktur zu erklären?

Zu 1: Können Maschinen voraussichtlich etwas entwickeln, was man zukünftig als Intelligenz bezeichnen kann? — Wir müssen heute feststellen, daß das, was man als artifizielle Intelligenz bezeichnet, vor zwölf Jahren mit großem Optimismus bedacht wurde. Heute wird mit ziemlicher Übereinstimmung bei allen Arbeiten gesagt, daß diese Zeit hochgestimmter Erwartungen vorbei ist. Man erkennt heute die Schwierigkeiten viel genauer als vor zwölf Jahren. Manche Leute meinen nun, offensichtlich existiere da eine Mauer, über die nicht hinwegzukommen sei. Diese Mauer sehen wir zum Beispiel in der automatischen Sprachübersetzung. Diese Mauer empfinden wir genauso bei der automatischen Zeichenerkennung, wir finden sie bei der Problemlösung usw.

Nun kann die Tatsache eines solchen momentan verzögerten Fortschrittes so oder anders interpretiert werden. Ich bin aber nicht der Ansicht, daß wir an eine endgültig unüberwindbare Mauer gestoßen sind. Man kann eine solche Mauer natürlich postulieren – aber ich halte es nicht für zweckmäßig.

Zemanek: Herr *Steinbuch*, das tut ja auch niemand. Ich glaube, man kann nur von einem Dickicht reden, aber sicherlich nicht von einer Mauer.

Steinbuch: Gut! Ich freue mich, wenn wir uns hier einig sind. Wenn wir eine weitere Entwicklung als prinzipiell möglich erkennen, wirkt das stimulierend auf unsere Absichten. Wenn wir aber unterstellen würden, daß es hier nicht weitergehen kann, so müßte dies lähmend wirken.

Die andere Frage: Können wir die intellektuellen Funktionen von Lebewesen, insbesondere von Menschen, durch ihre physische Struktur erklären? — Ich glaube, hier gilt eine ähnliche Einsicht. Wir müssen feststellen, daß wir bis heute nicht wesentlich vorwärtsgekommen sind. Zugegeben! Aber das zeigt eigentlich nur, daß die Probleme komplizierter sind, als wir es uns seinerzeit vorgestellt haben.

Mittelstaedt: Die ganze neurologische Physiologie arbeitet ja unter dieser Voraussetzung.

Haseloff: Ich habe in dieser Diskussion etwas sehr Wichtiges gelernt. Bei dem Versuch der Anwendung der *Shannon*schen Theorie auf psychologische Probleme sind wir schon vor Jahren zu dem Ergebnis gekommen, daß dies nutzlos ist. Wir haben uns gesagt: Nun ja, wir können damit nichts anfangen, aber diese Theorie ist dadurch wichtig, daß sie offenbar im Hinblick auf die Computer eine große Rolle spielt. Ich habe jetzt hinzugelernt, daß das auch nicht der Fall ist. An dieser Stelle muß man daher wohl zu folgender Einsicht sich entschließen: Die Kybernetik leidet an einer gewissen Krankheit, nämlich daran, daß sie an den in bestimmten Phasen ihrer Entwicklung zustandegekommenen Konzeptionen mit einer gewissen dogmatischen Starrheit festhält. Eine solche Konzeption ist die *Shannon*sche Informationstheorie, die aber doch wohl nur eine bestimmte Informationstheorie ist, die innerhalb einer zurückliegenden Entwicklungsphase entstanden ist, sich aber als nicht ausreichend erwiesen hat. Falsch ist es daher, zu sagen: Wer diese Theorie nicht anerkennt, ist kein Kybernetiker. Man müßte also zu einem neuen Konzept von Information kommen. Wir haben einige Aushilfskonstruktionen ganz anderer Art gefunden, um mit dem Informationsbegriff weiterzuarbeiten und eine Übertragung in verrechenbare Größen möglich zu machen, auf die man als Empiriker ja angewiesen ist.
Kurz noch zwei Dinge: Ich möchte fast allem zustimmen, was Herr *Zemanek* gesagt hat. Zwei Stellen würde ich aber ein bißchen anders sehen: Er hat gesagt, das Wesen des Menschen liege in seiner Einmaligkeit, seiner Individualität. Er hat diesen Satz allerdings später wieder etwas eingeschränkt.
Ich finde nun, daß Aussagen darüber, was das Wesen des Menschen sei, überhaupt nicht Gegenstand einer Wissenschaft sind. Mit Begriffen wie »Sinn«, »Wesen«, »Ganzheit«, auch »die Natur« – mit solchen semantischen Lehrformeln kann man wenig herausbekommen. Zudem wird ja der Grad der Individualität von Menschen sehr stark überschätzt. Wenn man Tausende von Träumen analysiert, hinter denen eine Speicherung privaten Schicksals steht, findet man eine relative Armut an

Mannigfaltigkeit. Wenn man die Meinungen und Überzeugungen von Menschen analysiert — wir machen das jeden Tag im Rahmen von Markt- und Meinungsforschung —, findet man, daß die Mannigfaltigkeit viel geringer ist als angenommen. Es ist ein kulturell vorgegebenes Muster, daß der Mensch so ungeheuer einmalig sei.

Jetzt komme ich auf den zweiten Punkt: So schlecht sich Intelligenz durch Automaten simulieren läßt, so gibt es doch eine andere, viel leistungsfähigere Möglichkeit der Verhaltenssimulation: die Simulation von Gruppenverhalten mit Hilfe computerisierter Modelle. Man simuliert zum Beispiel bei Wahlvorhersagen die Bevölkerung mit nur ungefähr sieben Merkmalen, Mentalitätsmerkmale vor allem. Das führt nach unseren Erfahrungen zu sehr günstigen Ergebnissen. Es müssen dabei verschiedene Zielgruppen identifiziert werden. Es lassen sich etwa Ärzte, deren individuelles Verhalten man nicht vorhersagen kann, über eine Anzahl aufgestellter Merkmale bestimmten Gruppen zuordnen. Man kann dann in meßbarer Weise für eine dieser Gruppen, die ein bestimmtes gut definierbares Verhalten zeigt, prognostizieren, ob sie beispielsweise bestimmte neu eingeführte Medikamente verordnet oder nicht. Das menschliche Verhalten statistisch vorherzusagen — und zwar nicht nur global, wie man es früher gemacht hat, sondern durch Segmentierung und Differenzierung in verschiedene Zielgruppen mit einer Reihe von empirisch ermittelten Indikatoren, und dann von da her zu prognostizieren —, das wird bereits in großem Umfang gemacht, und zwar mit recht befriedigendem Erfolg.

Hier liegt eine Möglichkeit, Erfahrungen über menschliches Verhalten zu gewinnen, die sich bereits vielfach praktisch bewährt haben. Es gibt bereits ganze Firmen, die davon leben — zum Beispiel meine auch — und die andererseits gar nicht leben könnten, wenn diese Art der Vorhersage nicht in befriedigendem Maße funktionieren würde. Die Simulation von Gruppenverhalten mit Hilfe von Markt- und Konkurrenzmodellen und von modellartigen Nachbildungen ist meiner Meinung nach in bezug auf die Verbindung Rechenmaschinen — kybernetische Modelle — menschliches Verhalten weitaus am aussichtsreichsten. Dagegen erscheinen mir viele Dinge, die wir hier besprochen haben, mehr als eine Art spekulativer Philosophie. Denn es gelingt bei weitem noch nicht, das bereits von der Psychologie erarbeitete Wissen überhaupt nur in kybernetische Modelle zu übertragen.

Deshalb wäre es für die Kybernetik nützlicher, wenn sie sich etwas mehr an praktischen, aus der Realität stammenden Problemen orientieren würde und weniger den Versuch unternähme, philosophische Bedürfnisse zu befriedigen in Ganzheit suggerierenden Worten wie »Bewußtsein« — was ist das? Kommt in der Psychologie ja gar nicht mehr vor! — oder »Seele«. Das ist doch heute alles nur mehr Philosophie.
Noch ein Drittes will ich sagen. Sie haben die Gründe für das breite Interesse an der Kybernetik charakterisiert. Das deckt sich mit meinen Auffassungen ziemlich weitgehend. Es gibt aber auch durchaus sachliche Motive für dieses breite Interesse: Beim Betrachten unserer modernen Gesellschaft, dieser industriellen Großgesellschaft mit allen ihren offensichtlich von Computern bestimmten Eigenschaften und Zügen, muß man sagen, daß das Zeitalter der fortschreitenden Spezialisierung in gewisser Weise zu Ende geht und daß der Menschentypus, der heute gesellschaftlich notwendig geworden ist, der Spezialist der Unspezialisiertheit ist, also derjenige, der Überblick hat über verschiedene Gebiete und der die Künstlichkeit der Einteilung des Fachwissens überwinden kann. Hierzu etwas beizutragen verspricht mit mehr oder weniger Berechtigung die Kybernetik, hier erweist sich ihre genuine Notwendigkeit — trotz der Mängel, die oft in der Beschaffenheit ihrer Gefolgschaft und ihrer modisch auftretenden Propagatoren liegen, jener großen Zahl derer, die im Gefolge der eigentlichen Wissenschaft nur hinterdreinlaufen, mit schönen Worten wie »Informationsästhetik« und anderem, was oft sehr stimulativ wirkt, aber völlig falsche Erwartungen in der Öffentlichkeit erzeugt.

v. Randow: Es wurde hier auffallend häufig darüber gesprochen, daß sich die Informationstheorie, die *Shannon*sche Informationstheorie, nicht auf die meisten Probleme anwenden läßt, die uns interessieren.

Mittelstaedt: Es gibt keine andere Informationstheorie. *Shannons* Theorie ist eine abgeschlossene, anständige, gute mathematische Theorie. Alles andere ist zur Zeit vage Erklärung.

Zemanek: Die Schwierigkeit ist die, daß man Wahrscheinlichkeiten addieren kann; aber es gibt keine Additionstheorie der Information, und da hört die mathematische Analyse mehr oder weniger auf.

v. Randow: Sie haben, Professor *Haseloff*, aber doch gesagt, daß Sie Informationstheorie anwenden zur Beratung von Werbungtreibenden.

Haseloff: Theorien, in denen das Wort »Information« auftritt. Aber wir zählen Informationen in Einheiten von Neuigkeitsgraden, und zwar mittels einer empirischen Skala. Das heißt, daß das nichts mit der *Shannon*schen Theorie zu tun hat.

Köbner: Mein etwas altmodisches Denken wird nicht ganz fertig mit der Bemerkung von Herrn *Haseloff*, daß man die Individualität der Menschen überschätzt. Hängt dies nicht damit zusammen, daß die Fragestellungen, mit denen man heute beim Menschen wissenschaftlich ansetzen kann, notgedrungen sehr vereinfacht werden müssen, daß diese Fragestellungen überhaupt nur auf allgemeine, in Gesetzen zu generalisierende Züge zielen, wobei anderes einfach weggelassen wird?

Haseloff: Daß man zu der von mir geäußerten Auffassung kommt, ist wohl die Folge dessen, daß man heute doch mehr über den Menschen weiß, während man früher mehr von Soll-Bildern vom Menschen ausgegangen ist.

Zemanek: Mein Argument gegen Ihre Auffassung, Herr *Haseloff*, kommt nicht aus einer alten Philosophie, sondern aus den physikalisch-chemischen Gegebenheiten. Sehen Sie sich den Organismus des Menschen an. Schon in der Zusammensetzung seines Eiweißes ist seine Einmaligkeit und Individualität gegeben. Sie haben auch keine physikalische Theorie, die Ihnen gestatten würde, alle Menschen in eine Klasse einzureihen.

Haseloff: Daß Herr Lehmann und Herr Müller unterschiedlich sind, ist klar und eigentlich eine Trivialität.

Zemanek: Ich habe nichts dagegen, gelegentlich Trivialitäten zu sagen.

Haseloff: Ich meine, daß die Differenzierungsgrade eine Einmaligkeit schaffen durch Kombinatorik, wobei nach den Gesetzen der Kombinatorik bereits verhältnismäßig wenige Elemente für eine große Anzahl einmaliger Kombinationen genügen.

Zemanek: Die Auffassung von Einmaligkeit hängt natürlich von der Art der vorausgegangenen Fragestellung ab.

Frey: Die Frage der Einmaligkeit ist meiner Meinung nach grundsätzlicher Art. Die von Ihnen etwas geschmähte Philosophie weiß eigentlich seit *Aristoteles*, daß Wissenschaft immer nur mit allgemeinen Begriffen arbeitet und daher über das Einmalige grundsätzlich nichts aussagen kann.

Haseloff: Das ergibt die Psychologie, deren Gegenstand die Individualität ist.

Frey: Das hat damit gar nichts zu tun. Das ist eine grundsätzliche Frage, die wir jetzt nicht ausdiskutieren können. »Einmalig« ist eben grundsätzlich wissenschaftlich nicht faßbar.

Mittelstaedt: Es besteht kein Widerspruch. Herr *Haseloff* erklärte, es gehe nur darum, daß er über menschliches Verhalten aussage. Er sagte darüber auch etwas aus, nämlich über das Verhalten von Gruppen. Eine Gruppe aber ist nicht durch Einmaligkeit bestimmt. Eine Aussage über einen Fischschwarm ist viel leichter als eine Aussage über einen einzelnen Fisch. Es ist jederzeit zuzugeben, daß man Aussagen über Gruppenverhalten machen kann. Damit ist über das Individuum natürlich nichts ausgesagt.

Haseloff: Das »nichts« ist sicher nicht richtig!

Mittelstaedt: Ich will mich genauer ausdrücken: Dieselbe Aussage, die man über eine Gruppe gemacht hat, kann man nicht direkt für das Individuum als wahr ...

Haseloff: Und trotzdem — so kann man das nicht sagen!

Mittelstaedt: Es wurde gesagt: »Wir wissen jetzt mehr über den Menschen.« Damit ist der Fehler hereingekommen. »Wir wissen jetzt mehr über das Verhalten von Gruppen von Menschen«; so hätten Sie es formulieren können, und niemand hätte widersprochen. Wenn Sie aber sagen: »Wir wissen jetzt mehr über den Menschen, nachdem wir die Gruppe studiert haben«, dann machen Sie einen Fehler.

Haseloff: Wir wissen dank der klinischen Psychologie und der Psychoanalyse auch über den einzelnen Menschen mehr als früher.

Mittelstaedt: Aber das ist ein anderes Verfahren.

Schiemann: Sie sehen den Menschen, wie ihn ein Wesen vom Mars aus sehen würde. Das würde sagen: Es gibt fünfzig verschiedene Typen, die immer wieder vorkommen. Es gibt aber noch etwas anderes: Wie nämlich jeder Mensch selber die Welt sieht. Sie ist zweifellos für jeden eine andere.

v. Ditfurth: Da gibt es ein interessantes Experiment, das wiederholt in psychiatrischen Kliniken gemacht wurde. Man nimmt verschiedene Psychiater und läßt diese nacheinander das gleiche Kollektiv von Patienten untersuchen. Da ereignet sich ein sehr seltsames Phänomen. Wenn man den einzelnen Psychiatern nur zehn Minuten Gelegenheit gibt, die Patienten zu untersuchen, dann besteht zwischen ihnen eine sehr hohe Übereinstimmung in den Diagnosen. Je mehr man aber die Untersuchungszeit verlängert, um so mehr differieren die Diagnosen. Das ist gewissermaßen Ihr Aspekt vom Mars her. Je näher ich dem einzelnen rücke, um so mehr bekomme ich das Individuelle in den Blick, und je flüchtiger ich ihn ansehe, um so eher neige ich dazu, zu typisieren.

Petermann: Zwei Fragen zur Zukunft der Computer. Ausgehend von der Vorstellung, daß wir den Großcomputer haben, der die Gesamtheit aller Informationen enthält und daraufhin angezapft werden kann, frage ich: Glauben Sie, daß diese Form der Informationsübermittlung, die vielleicht partiell an die Stelle der Zeitung und der Massenmedien treten könnte, dem, was als Manipulation von Information bezeichnet wird – etwa im Sinne der Auffassung politischer Zusammenhänge und der Urteilsbildung –, entgegenwirkt oder sie fördert?
Meine zweite Frage: Glauben Sie, daß es objektive, also von Menschen unabhängige Verfahren gibt, die *privacy* zu gewährleisten?

Steinbuch: Das ist nun wieder das Thema »Informationsbank«, wie ich es gelegentlich dargestellt habe. Es scheint mir nicht sicher, daß diese Informationsbank das bedruckte Papier total verdrängt. Ich glaube im Gegenteil, daß gewisse Bereiche von

Information auch in Zukunft auf das Papier angewiesen sein werden. Die Frage ist nur: Welche Arten von Informationen will ich haben? Beispielsweise die neuesten Totoergebnisse — die hole ich mir mit einem Griff aus der Informationsbank. Ein Wörterbuch aber möchte ich in der Tasche haben. Immerhin: ein großer Teil der Informationen wird sich wahrscheinlich vom Papier freimachen.

Petermann: Ich meinte die Auskunftszentrale, der Informationen zum Verständnis, zur Analyse weltpolitischer Fragen entnommen werden.

Steinbuch: Die Frage stellt sich natürlich: Wird die Möglichkeit der Massenmanipulation in Zukunft zunehmen? Wenn wir die ganze Technik ohne vorbedachte Absicherungen benützen, wird diese Möglichkeit enorm zunehmen. Man muß also wohl von vornherein, sowohl beim Programmieren als auch beim technischen Aufbau, die Möglichkeit der Massenbeeinflussung beachten. Wir müssen gewissermaßen die Liberalität in der technischen Struktur verankern, das heißt, es müssen konkurrierende Informationssysteme entstehen, und das einzelne Individuum muß die Möglichkeit haben, sich verschiedene, voneinander unabhängige Meinungen zu bilden. Nur dann schiene mir die übermächtige Wirkung einer möglichen geheimen Beeinflussung ausgleichbar zu sein. Andererseits aber sehe ich die Gefahr des Eindringens manipulierter Informationen in die Breite unter nichtdiktatorischen Verhältnissen nicht als so groß an. Es lassen sich sehr wohl durch Gesetzgebung die Voraussetzungen schaffen, daß bestimmte Intimsphäre-Informationen nur von den hierfür kompetenten Stellen abgefragt werden können. Es müßte auch hier eine gewisse Kontrolle ausgeübt werden: Wer hat wann was abgefragt? Dadurch wird in der überwiegenden Zahl der Fälle ein Mißbrauch ausgeschlossen werden können. Ich will aber keineswegs behaupten, daß er total auszuschließen wäre. Wir müssen im Zeitalter der Computer, wie Herr *Zemanek* sagt, mit Computer-Kriminalogie durchaus rechnen.

Zemanek: In der Praxis wird es leider nicht so leicht sein, die Dinge zu meistern. Tatsache ist, daß durch die Computer Informationen über eine Person an einer Stelle zusammenlaufen können, die früher verteilt waren. Die Gefahr liegt darin, daß man an einer zentralen Stelle Zugang zu diesen Informationen erhalten kann. Dagegen ist man noch nicht gewappnet.

Steinbuch: Wenn die Systeme komplizierter werden, müssen auch die gesetzlichen Regulierungen komplizierter werden.

Zemanek: Die Schwierigkeit liegt darin, daß wir neue Situationen schaffen, die es vorher nicht gegeben hat.

Steinbuch: Über die müssen wir ernsthaft nachdenken.

Mittelstaedt: Herr *Petermann* hat einen wunderbaren Nomenklatur-Vorschlag gemacht: »Auskunftszentrale«, »Auskunftei«. Das ist genau das, was Herr *Steinbuch* meint. Das ist der deutsche Ausdruck. Wenn wir den benutzen könnten, glaube ich, wäre etwas gewonnen. Es ist ein Begriff, den jeder ungefähr versteht. Wir suchen nach einem Begriff, nach einem Wort für »Information« – »Auskunft« im Sinne unseres normalen Sprachgebrauchs!

Zemanek: In der Informationsbank steckt aber mehr als nur Auskünfte. Sie können von ihr auch ein Programm bekommen, und das ist viel mehr. Sie bekommen ein Werkzeug in die Hand, mit dem Sie Ihre Probleme lösen müssen. Das ist aber mehr als eine Auskunft, das ist eine arbeitende Struktur.

Steinbuch: Herr *Zemanek* spricht von einem Programm. Ich stelle mir vor, daß ich über den Computer etwa auch meine Einkünfte, meine Ausgaben und dergleichen mehr laufen lasse, so daß, ohne mein Zutun, zum richtigen Zeitpunkt meine Steuern gezahlt werden. Sie können einen Auftrag geben. Sie können etwa den Liquiditätsplan Ihrer Firma eingeben mit der Anweisung, zu einem bestimmten Zeitpunkt dies und jenes daraus zu erledigen. Das Wort »Auskunft« deckt das alles nicht.

Mittelstaedt: Da hätten wir eine zweite Kategorie: Befehle geben! Sie bekommen Auskünfte und können Befehle geben. Das sind die beiden Begriffe, die eigentlich Kybernetik zum Inhalt hat. Wenn man die *Wiener*sche Definition liest, wundert man sich darüber, was das Steuern mit Nachrichtenübermittlung zu tun haben soll. Beim Steuern werden Befehle gegeben und ausgeführt; bei der Nachrichtenübermittlung bekommt man Auskunft. Die Frage ist: Was haben gerade diese beiden Dinge – Befehle und Auskünfte – miteinander zu tun? Ich habe versucht, es klarzumachen. Beispiel Klingelleitung: Wenn jemand draußen an der Haustür auf den Knopf drückt, gibt er einen Befehl, daß es einmal drinnen klingeln soll. Derjenige, der drinnen ist, bekommt Auskunft. Derselbe Vorgang, der objektiv betrachtet nichts weiter ist als ein Befehl, bei dem die Kausalität eindeutig festgelegt ist – ein Knopf wird gedrückt und dann klingelt es –, läßt sich je nach der Interpretation von den verschiedenen Enden des Ablaufs her verschieden auffassen. Je nachdem, wohin ich mich setze: bin ich draußen, befehle ich; bin ich drinnen, bekomme ich Auskunft. Das ist das Interessante bei der Kybernetik. Man kann ihre Systeme vom Standpunkt des außenstehenden Beobachters betrachten: dann erscheinen sie als Wirkungsgefüge. Das ist das Problem, das auch *Wiener* behandelt hat. Man kann sie so betrachten, als säße man an ihrem Ausgabeende oder an ihrem Eingabeende, und dann erscheinen dieselben Systeme entweder als solche, die Befehle ausführen, oder als solche, die Auskunft geben. In der *Shannon*-Theorie ist der Teilnehmer einfach ersetzt durch das Wahrscheinlichkeitsfeld. Da haben wir nichts weiter als eine Abstraktion des Teilnehmers, die einige notwendige, aber nicht hinreichend viele Eigenschaften von ihm enthält und deshalb so erfolgreich ist. Diese Dinge hängen in der Tat zusammen. Das ist die einzige Klarheit, die ich darüber bekommen kann. Beim »Auskunftbekommen« ist es charakteristisch, daß ich nicht genau weiß, ob ich dies oder das bekomme. Beim Befehlen ist es umgekehrt: da muß ich frei sein, dies oder das zu tun. An beiden Enden bestehen also Offenheiten. Das ganze System läßt sich aber auch von außen betrachten und objektiv beschreiben. Dann ist nichts weiter da als ein Knopf, der gedrückt wird, und eine Klingel, die klingelt. In ähnlicher Weise läßt sich auch der Mensch objektiv betrachten – als nichts weiter gewissermaßen, denn als eine Kette von solchen Klingelanlagen. Das Ende am Ausgang können oder müssen wir dann wieder als Auskunft interpretieren. Der Eingang ist der Befehl. Von dieser Art sind alle Systeme der Kybernetik. Darin scheint mir ihre besondere Bedeutung zu liegen, ihr verheißungsvoller Charakter, daß wir mehr in den Griff bekommen, als wir ursprünglich erwartet haben, daß man dieselbe Sache vom Standpunkt des Außenstehenden objektiv betrachten kann, daß man sie aber gleichzeitig vom Standpunkt dessen betrachten kann, der Teilnehmer ist, aber nicht frei die Auskünfte wählen kann, sondern sie erwarten muß, wie auch vom Standpunkt dessen, der Befehlender ist und frei, diesen oder jenen Befehl zu geben.

Frey: Eine Bemerkung zu dem, was Herr *Mittelstaedt* am Schluß sagte. Sie sprachen immer nur von Befehlen. Man müßte das aber erweitern: Es gibt auch Erlaubnis ... Eine Frage an Herrn *Zemanek:* Sie haben gesagt, daß unter Umständen die Kybernetik dazu beitragen könnte, dieses seinerzeit im *Wiener-Kreis* gestellte Problem einer wissenschaftlichen Einheitssprache zu lösen. Meinen Sie das nur in dem allgemeinen Sinn, den Herr *Haseloff* angesprochen hat, daß man kybernetische Strukturen nun auf verschiedenste andere Gebiete anwendet? Oder haben Sie damit mehr im Sinn gehabt?

Zemanek: Es besteht überall in der Technologie die Tendenz zur Umwandlung in Rechenanlagen mit Ein- und Ausgabevorrichtungen.

Frey: Hinsichtlich der »allgemeinen Wissenschaftssprache« wäre die Frage zu stellen: Soll das Ziel gelten, daß wir alle unsere Wissenschaftssprachen in verschiedenen Bereichen dem kybernetischen Sprachgebrauch angleichen sollen?

Zemanek: Ich sprach von keinem Soll. Ich sage Ihnen voraus, daß die Tatsache, daß in mehr und mehr Gebieten Computer benutzt werden, dazu führen wird, daß mehr und mehr Leute eine Sprache benutzen werden, die auch Computer verstehen, und diese Sprache wird aus praktischen Gründen einheitlichen Regeln folgen müssen. Deshalb ist es vernünftig, gleich eine einheitliche Sprache zu haben.
Wie weit das gehen soll, ist eine ganz andere Frage, noch eine andere, wie weit es überhaupt möglich sein wird. Vielleicht wird die menschliche Tendenz, ein babylonisches Sprachgewirr hervorzurufen, viel stärker sein als das Ziel der Einheitlichkeit.

Frey: Das fürchte ich nämlich auch!

Zemanek: Ich habe von den Krisenerscheinungen bei den Programmierungssprachen gesprochen und ich möchte zum Abschluß noch einen anderen Aspekt davon erwähnen. Heute lernen mehr und mehr Leute die Technik der Herstellung von formalen Sprachen, und noch mehr Leute wenden solche Sprachen an. In der Tat kann es sich auch ein kleinerer Unternehmer leisten, für seine Probleme nicht nur einen Computer anzuschaffen, sondern sich auch noch einen Logiker anzustellen, der ihm ein besonders günstiges Sprachsystem zurechtschneidert. Das aber hat zur Folge, daß selbst an gleichen Computern so verschiedene Sprachen verwendet werden, daß es einer Isolation gleichkommt, einer Sprachverwirrung, mit der verglichen die babylonische ein Kinderspiel war. Wir werden also in Kürze vor der faszinierenden Aufgabe stehen, diesen Trend zur Verwirrung systematisch unter Kontrolle zu bekommen, und zum Unterschied von den Babyloniern stehen uns dazu einige Werkzeuge zur Verfügung, vor allem die Metasprachen. An aussichtsreichen Zukunftsmöglichkeiten fehlt es jedenfalls nicht.